数理化原来这么有趣

李春雷◎编著

物理 下册

航空工业出版社

Part 4

电磁学奥妙

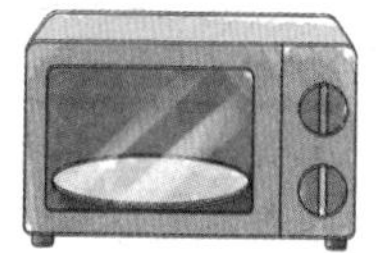

37 电磁波也会造成污染

在生活中，我们好像已经无法离开电视机、手机、计算机等电器，因为这些电器的存在，我们的生活才变得有滋有味，我们的工作才变得更加便利。不过，在这些电器提升我们生活质量的同时，也给我们的生活带来了隐患。其中一个不容忽视的隐患就是它们带来的电磁波污染。所谓电磁波污染，是指那些杂乱无章的干扰性电磁振荡与电磁波形成的电磁噪声，以及电磁辐射。

电磁波污染按来源主要分为两类：一类是自然现象，如雷电、地震、龙卷风、火山爆发等放电现象，以及太阳磁爆、射电星体辐射等天体现象。另一类是人造电磁系统产生的，如日光灯、各类家用电器、电器开关、手机、电磁炉、微波炉、计算机、使用高频发射系统的工业感应加热装置、利用电磁脉冲的电子仪器、微波通信设备、移动通信的发射装备等。这些电器在工作中，会不可避免地向周围环境辐射电磁波，其中有些是间歇性的、脉冲式的，有些是规则周期性的。这些电磁辐射对于环境来说都是不必要的，甚至是有害的。

因为人口多，我国目前已成为世界上电视和手机拥有量最多的国家。由于用电设备日益增加，人们无论是在家里、户外还是工作场所，无时无刻不处在被电磁污染的环境中。电磁污染可能干扰电视机、收音机的正常工作。电视、计算机等发出的电磁辐射，可能对人体健康造成危害，如可能造成失眠、神经衰弱，还有可能引起染色体异常和免疫机能下降，从而造成肿瘤以及胎儿发育畸形。有研究表明，脑瘤的发生与移动电话的使用有一定的关系。乘客在飞机上使用移动电话或笔记本电脑所发出的电磁波，会干扰飞机自动仪表的工作，造成危险。因此飞机上的乘客禁用手机和笔记本电脑。

电磁污染的危害已引起人们的高度重视，在工程设计上，各国都规定了电磁辐射的技术标准，以减少各种电器、电力设备、用电设备等对周围环境造成的电磁污染。在日常生活中，人们也应当注意避免电磁污染，如看电视时应离开电视机一段距离；孕妇要尽可能远离产生电磁辐射的环境，避免对胎儿发育造成不良影响；在计算机等电磁辐射较强的用电设备上加设防护屏等。

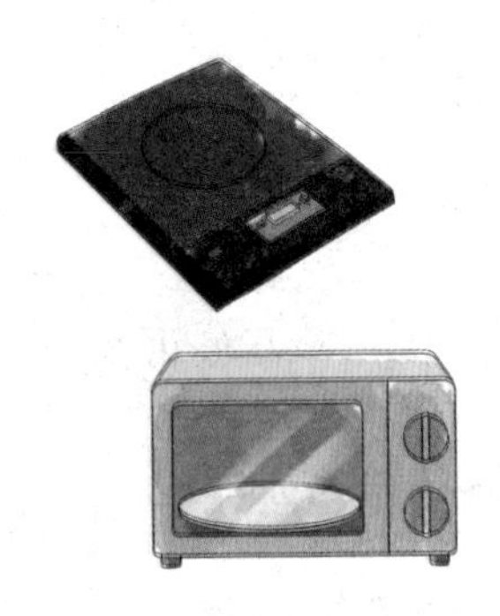

延伸阅读

电磁波，也称电磁辐射，是能量的一种，凡是高于绝对零度的物体，都会释放出电磁波，而世界上并不存在温度等于或低于绝对零度的物体。电磁辐射可以按照频率来分类，从低频率到高频率，主要包括工频电磁波、无线电波、红外线、可见光、紫外线、X射线及γ射线。就如同我们一直生活在空气中却看不见空气一样，除光波外，我们也看不见其他无处不在的电磁波。

38 鸟停在高压线上 为何不会触电

众所周知，一个人如果触碰到高压线，将会面临很大危险，可能还会丢掉性命。高压线不仅能夺取人的性命，也可以让大的动物在顷刻间毙命。就如同牛羊，如果一不小心触碰到高压线，基本上就很难逃脱掉。由此可见，高压线是多么的危险。然而，偏偏有敢跟高压线叫板的，那就是小鸟，小鸟总喜欢逗留在高压线上，长期如此，却很少有什么意外发生。

不是高压线对小鸟网开一面，而是因为小鸟的身体很小，它的身体只会接触到电线上的一点。此时，停在电线上的小鸟，它本身就像是电路的一个分路，它的电阻比起另一个分路，也就是小鸟两脚之间的那部分很短的电线，要大得多。因此流经鸟的身体里的电流就非常小，小到对鸟没有危害。但是，如果停在电线上的鸟一不小心使翅膀、尾部或嘴触到了电线杆，那么马上会有电流通过它的身体流入大地，使它触电身亡了。而鸟类有一种习惯，当它们停在高压电线杆横臂上的时候，常常在有电流的电线上磨喙。因为横臂没有绝缘，所以鸟就会和地面相接。这样，鸟一触到有电流的电线，就不可避免地要触电而死。

此外，要注意，高压线下会有电磁辐射，电磁辐射会对身体造成一定伤害。英国流行病调查人员的结论是：居住在有电磁辐射下的儿童其白血病发病率为七百分之一，比居住在无电磁辐射的环境中的儿童发病率高出一倍。当看到高压线落在地面上时，要能躲则躲。因为泥土是具有一定导电率的导体，高压电线落在地面上，会有电流通过大地流向与地相连的中性线（零线），形成回路。当导体中有电流通过时，在电流的方向上任意两点之间必定存在一定的电势差，因此当人走近落地电线时，两足之间就有电压，这称为“跨步电压”，两足间跨距越大，电压就越大。如果很不巧有高压线在自己的不远处断开了，也不要惊慌，应该观察形势，如果你正在汽车中，汽车的金属外壳会提供很好的静电屏蔽，这时千万不要离开，关好车窗玻璃，等待救援人员来修好电线。如果你站在电线附近的地面上，就千万不要走动，因为在走动时，两脚间会形成电势差，就可能被电击。离开的正确办法是，并拢双腿跳跃着离开，也可以单腿跳跃着离开，就像鸟儿落在高压电线上一样，这样就不会形成电势差，从而安全地离开。

虽说小鸟不会像人和其他较大的动物一样，一触碰到高压电，就会导致伤亡。但如果高压线上的小鸟的身子触碰到了电线杆或其他非绝缘体，它就会立刻毙命。为了防止小鸟死于高压线下，在德国，已经采取了特别的措施。比如，他们在高压电线的横臂上装了绝缘的架子，使鸟类不但可以停在上面，并且还可以安全地在电线上磨喙。除了德国，其他国家也越来越看重高压线的安全问题。另外，由于高压线附近有很强的磁场，很多人在建房或是买房时，都会远离高压线。

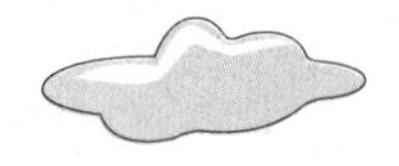

延伸阅读

高压线是指电压超过380伏以上的输变电线路。人和动物一旦触电，不是同时接触火线和零线，就是人体站在地面上，肢体部位接触到了火线，在这样的情况下，电流经过身体，就会造成伤亡。如果人离高压线太近，人体和高压线之间的空气层就有可能被击电离。空气原本是很好的绝缘体，被击穿后就变成了导体。当巨大的电流流过人体时，就会使人触电。另外，攀爬高压电塔，不慎触到了电线，形成回路，也会触电。所以，任何人都应该远离高压线，尽量站在离高压线较远的地方。

39 信鸽能够准确传信

竟要归功于磁场

自古以来，鸽子就是帮人们传递消息的使者。相传我国楚汉相争时，被项羽追击而藏身废井中的刘邦，因放出一只鸽子求援而获救。19 世纪初期，鸽子被广泛利用，在两次世界大战中，鸽子更是作出了卓越贡献。著名的滑铁卢战役的结果就是由信鸽传递到罗瑟希尔德斯的。在今天，人类会利用鸽子进行隐蔽通信，在海上航行利用它跟陆上联系。而信鸽之所以被如此器重，是因为就算把它放到离家几千里的地方，它仍然可以从千里之外返回自己的巢穴。

经过数十年的细致调查研究，科学家终于证实了鸽子具有磁性感知能力，鸽子的磁性感知能力源于它的上喙，上喙具有一种能够感应磁场的晶胞。而地球是存在磁场的，磁场并不是虚无缥缈的东西，在一定条件下它可以被生物感觉到，如海龟。而鸽子和海龟一样，也会利用地球磁场进行导航。许多鸟都有辨别方向的本领，它们都是利用磁场来辨别方向的。另外，一些鱼类和哺乳动物也有利用磁场来辨别方向的能力。还有一种生活在淤泥中的厌氧细菌，不论外界的光线、温度条件如何改变，这些细菌总是向北聚集。经仪器分析，这些细菌体内皆有一条条含 Fe_3O_4 颗粒的磁链，链长约为菌体总长度的一半，就是因为这一条条磁链的存在，地磁场便指引着它们避开富氧的海水表层，而向着赖以生存的海底淤泥游去。除了淤泥中的厌氧细菌，科学家还在一些动物的头脑和腹部中发现了 Fe_3O_4 成分。正是由于生物体内的磁结构及其与地磁场之间的相互作用，才使信鸽等生物能够依靠磁场来辨别方向。

交流电进入初级线圈后产生磁场，在次级线圈中感应出电流来，次级线圈的匝数大于初级线圈时就是升压变压器，反之就是降压变压器。变压器是利用电磁感应的原理来改变交流电压的装置，主要构件是初级线圈、次级线圈和铁芯。在无线电路和电器设备中，常被用作升降电压、匹配阻抗、安全隔离等。

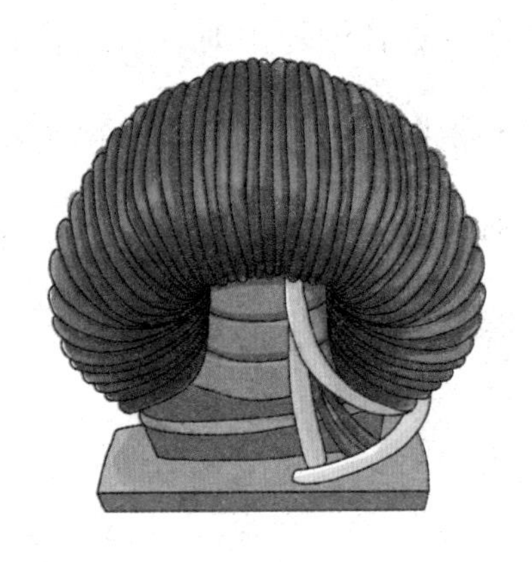

延伸阅读

磁场是一种看不见而又摸不着的特殊物质，它具有波粒的辐射特性。磁体周围存在磁场，磁体间的相互作用就是以磁场作为媒介的。由于磁体的磁性来源于电流，电流是电荷的运动，所以概括地说，磁场是由运动电荷或电场的变化而产生的。磁场可以分为电磁场和地磁场。电磁场是有内在联系、相互依存的电场和磁场的统一体和总称。地磁场是从地心至磁层顶的空间范围内的磁场。

40 风筝可以将天空的闪电引下来

春天来了，许多人喜欢放风筝。富兰克林小时候就是一个爱放风筝的孩子。在富兰克林的那个时代，人们只知道摩擦可以生电，知道正电和负电相接近的时候会发出电火花。另外，还知道闪电会把人击毙，别的就没有了。富兰克林认为实验室里得到的电和天上的闪电可能是一回事，于是决心用装了金属丝的风筝把天空的闪电引下来。

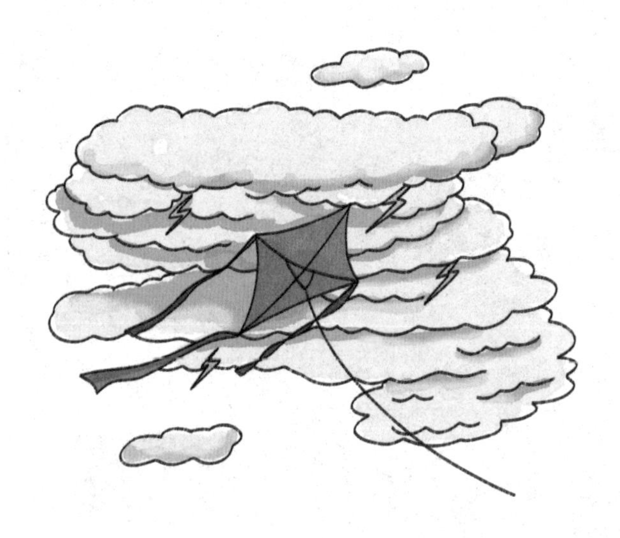

1752年夏季，在一个雷雨交加的夜晚，富兰克林和儿子威廉做了只装了金属线绳的风筝放到空中。很快富兰克林就注意到牵引风筝的线绳在一点点分裂，这说明有电荷产生。于是他在牵引线上挂了把钥匙，摩擦指关节后与钥匙接触，结果蓝色的火花蹦出来了，这证明闪电就是大量的静电放电现象。从此，人类历史上诞生了一句名言："他从天空抓到雷电。"闪电，就是大气的一种放电现象。当云与地面之间有一个很强的电场，电场的平均强度可以达到每厘米几千伏甚至上万伏时。强大的电场，可以击穿大气层，爆发出强烈的亮光和巨大的声响，这就是闪电和雷鸣。在日常生活中，我们有时会看到：两条通电导线，当它们的接头靠近到一定程度时，会有火花迸发出来，继而产生放电现象。

在成功地捕捉雷电后，富兰克林在研究闪电与人工摩擦产生的电的一致性时，作出过这样的推测：既然人工产生的电能被尖端吸收，那么闪电应该也能被尖端吸收。于是，他设想，如果能在建筑物的顶层安置一种尖端装置，就有可能把雷电引入地下。经过慎重思考，富兰克林开始着手发明避雷装置。他找了一根数米长的细铁棒，将其固定在高大建筑物的顶端，在铁棒与建筑物之间用绝缘体隔开。他用一根导线与铁棒底端连接，将导线引入地下。经过试用，果然能起避雷的作用。富兰克林把这种避雷装置称为避雷针。避雷针的发明在早期的电学研究中具有重要意义。

在不同的地方要用不同的避雷针。避雷针主要分为直击雷避雷针、特殊避雷针、提前预放避雷针。直击雷避雷针适用于加油站、建筑大楼、气象台、广播电视台、信标台，通信基站、军事基地、雷达机房、银行大楼等。特殊避雷针适用于较高的建筑大楼微波通信站、通信基站、军事基地、雷达机房、银行大楼、天文气象台等重要场所。提前预放电避雷针能在顷刻间将雷电流泄放入大地，有效地达到防雷害保安全的目的。

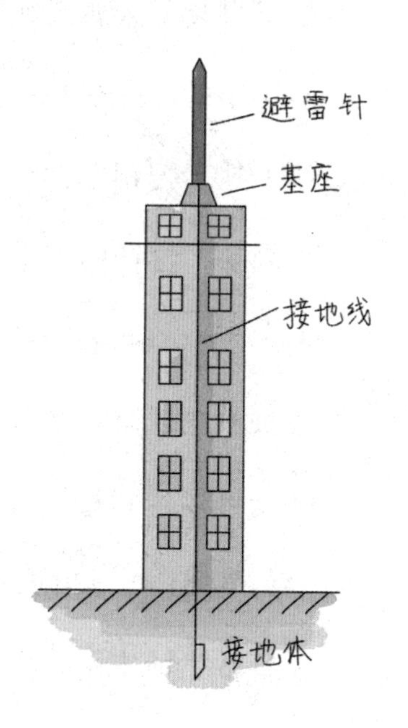

延伸阅读

避雷针，又名防雷针，是用来保护建筑物等避免雷击的装置。在高大建筑物顶端安装一个金属棒，用金属线与埋在地下的一块金属板连接起来，利用金属棒的尖端放电，使云层所带的电和地上的电逐渐中和，从而避免事故。避雷针的防雷作用是它能把闪电从保护物上方引向自己并安全地通过自己泄入大地，因此，其引雷性能和泄流性能是至关重要的。

41 飞机遭到雷击后会怎样

很多年前，苏联一架伊尔 -18 飞机在高空遭遇雷击，球形闪电以迅雷不及掩耳之势闯入机舱，紧接着就听到震耳欲聋的爆炸声响起。等到一切都安静后，飞机的状况是：客机上的雷达和部分仪表失灵，机身穿了个大窟窿，然而机舱内壁却完好无损，乘客也都安然无恙。想必读到这条新闻的人，心中都深感诧异，在如此强烈的雷击下，飞机机舱怎么会完好无损呢？

北宋沈括的《梦溪笔谈》中记录了这样一个故事：某年，皇帝内侍李舜举的住所突遭雷击，一团火球匆匆穿过窗户，家人以为着火了，立即作鸟兽散。雷击过后，李舜举发现除了屋子的窗纸被熏黑外，其他物品皆完好无损。有一点更是让人深感惊奇，墙上的一把宝刀已在刀鞘中化为一滩水，而漆布的刀鞘却没有任何损坏。这个故事和上面那个苏联飞机的故事如出一辙，而这两个故事中的物品无损坏的奥秘就是电磁感应在起作用。

雷击是空中带电雨云和大地之间的放电现象，闪电在一瞬间可产生上万安培的电流。强大的电流通过钢、铝、铁等导体后，可使它们迅速熔化，飞机的舱体、宝刀的剑身都属于金属材质，自然会在顷刻间被毁坏。而皮革、塑料、漆布等都是绝缘物体，在由雷电引起的电场中，它们内部不会产生强大的感应电流，更不会发热灼伤，所以不会遭到损伤。至于人们会看到球形闪电和火球，是因为闪电产生的强大电流让周边空气迅速升温，炙热高温让空气完全电离，从而发生耀眼光芒。此外，闪电的能量是在十万分之几秒的时间内释放的，所以会形成震耳欲聋的爆炸声。

依据电磁感应原理，人们制造出了发电机，使电能的大规模生产成为可能。不仅如此，电磁感应原理在电工技术、电子技术以及电磁测量等方面都有广泛的应用。磁带录音机的录音和放音就是利用电磁感应系统来完成的。汽车驾驶室内的车速表也是利用电磁感应原理发明出来的，表盘上指针的摆角与汽车的行驶速度成正比。

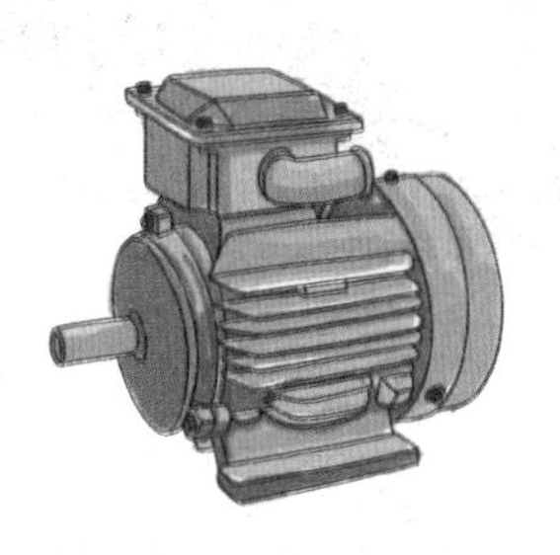

法拉第

延伸阅读

迈克尔·法拉第被认为是于1831年发现了感应现象的人，虽然在此之前，已经有人对此现象有所预见。电磁感应现象是指放在变化磁通量中的导体，会产生电动势。若将此导体闭合成一回路，则该电动势会驱使电子流动，形成感应电流。电磁感应现象是电磁学中最重大的发现之一，它揭示了电、磁现象之间的相互联系。

42 用磁流体发电可以节省能源

无论生活还是生产，都离不开电，电是涉及国计民生的一种重要资源。节约用电的口号已经说了几十年，之所以会一直强调，是因为电不是取之不尽、用之不竭的，当可以转化为电的资源用完之后，人类又没有找到可以转化为电的新资源时，我们可能就会陷入黑暗中。不过，有人说用磁流体发电比用火力发电要消耗更多的燃料，而这可信吗?

先来看看火力发电。火力发电消耗的燃料确实非常多，而且燃料的热效率很低，最高只能达到35%。也就是说，一个10万千瓦的火电厂每年要烧掉35万吨标准煤。这不仅浪费资源，还会对环境造成污染。为什么火力发电的热效率这么低呢？原来，火力发电首先要用燃料将水烧开变为水蒸气，然后利用水蒸气推动汽轮发电机，从而发出电来。它是将燃料的热能间接地转化为电能，很多能量在中间环节都流失掉了。

那么，有没有一种技术可以把燃料的热能直接转换为电能呢？当然有，人们找到了一种可以直接发电的方式，这就是磁流体发电，它省去了中间转换的能量损失，大大提高了热效率。

其实，磁流体发电的原理和普通汽轮发电机是相同的，它们都是导电物体在磁场中运动的结果。不同的是，磁流体发电机的导电物体是高速气流，汽轮发电机的导电物体是金属线圈。磁流体发电机由燃烧室、发电通道和磁体 3 个主要部件组成。燃烧室产生高温导电流体，在燃烧室的末端有加速喷管，能使气流以 1000 米 / 秒的高速，穿越安置在磁场中间的发电通道，做切割磁力线运动，而导电流体中的自由电子受力做定向运动，当发电通

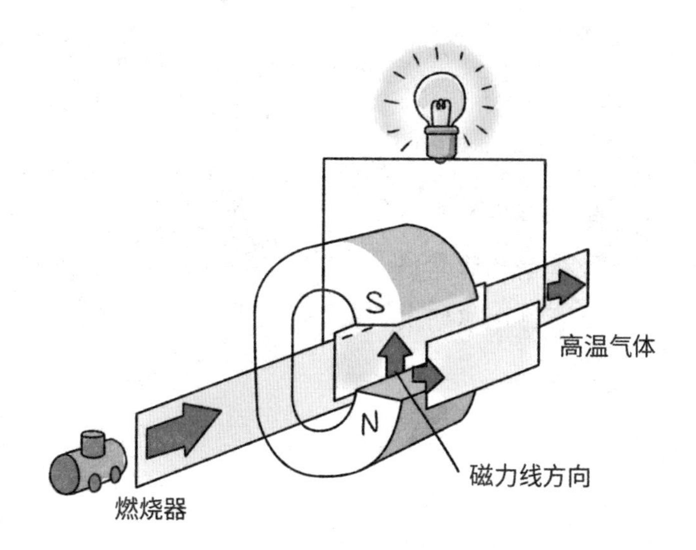

道的电极接通外负载时，就有电流通过。由于磁流体发电是把燃料的热能直接转换为有用的电能，省略了由热能转变为机械能的过程，因此，它的设备简单，不需要蒸气和冷却水，不需要转动部件，热效率较高，可达到60%以上。

磁流体既具有液体的流动性又具有固体磁性材料的磁性，它在静态时无磁性吸引力，当外加磁场作用时，才表现出磁性，正因如此，它才在实际中有着广泛的应用，在理论上具有很高的学术价值。用纳米金属及合金粉末生产的磁流体性能优异，可广泛应用于各种条件苛刻的磁性流体密封、减震、医疗器械、声音调节、光显示、磁流体选矿等领域。

延伸阅读

发电是指利用发电动力装置将水能，煤、油、天然气等石化燃料的热能、核能以及太阳能、风能、地热能、海洋能等转换为电能的生产过程。根据发电所使用的能量形式的不同，可以将发电方式分为水力发电、火力发电、风力发电、核能发电等。而我们使用的各种电器，是将电能转换成动能（如使机器运转）、热能（如用电饭锅烧饭）、光能（照明）的。

43 冬天总为静电烦恼

在我国北方多风干燥的秋冬季节，静电时常发生。当我们晚上脱衣服睡觉时，会经常在黑暗中听到噼啪的声响，而且伴有蓝光；当我们坐公交车时，手刚刚碰到扶手，就被一阵刺痛感打了回来；当我们和他人握手时，指尖刚刚接触到对方，就有一种被什么东西蛰了一下的感觉；当我们早上梳头，梳子还未碰到头发，头发就已经轻轻地飘了起来。这些都是由静电引起的，静电有时候很有趣，但更多时候会给我们带来不必要的麻烦。

任何两个不同材质的物体只要接触后再分离就能产生静电，流动的空气也能产生静电，因为空气也是由原子组合而成的，原子之间也会产生摩擦。人体活动时，皮肤与衣服之间以及衣服与衣服之间互相摩擦，就很容易产生静电。可以说，在人们生活的任何时间、任何地点都有可能产生静电。每户人家都会有很多家用电器，家用电器所产生的静电荷会被人体吸收并积存起来，加上居室内墙壁和地板多属绝缘体，空气又干燥，因此静电越来越猖獗。过高的静电常会使人有焦躁不安、咳嗽、头痛、胸闷、呼吸困难等症状。为了防止静电的发生，室内要保持一定的湿度，多用加湿器，并经常打扫房间。在个人卫生方面，要勤洗澡、勤换衣服，以消除人体表面积聚的静电荷。在脱衣服之前，可以先用手轻轻摸一下墙壁，另外，在摸门把手或水龙头之前也要用手摸一下墙，这样会把体内的静电“放”出去，从而不被静电伤到。在选择衣服时，尽量穿光滑、柔软的棉纺织品，少穿或者不穿化纤类衣物，以使静电的危害减少到最低限度。

静电原理在电力、轻工、机械、纺织、航空航天以及高技术领域有着广泛的应用。其中，静电除尘是利用静电场的作用，使气体中悬浮的尘粒带电而被吸附，并将尘粒从烟气中分离出来，最后将其去除。静电喷涂是利用静电的吸附作用将聚合物涂料微粒涂敷在接地金属物体上，然后将其送入烘炉以形成厚度均匀的涂层。静电复印是利用光电导敏感材料在曝光时按影像发生电荷转移而存留静电潜影，经一定的影像转印、干法显影和定影而得到复制件。静电的危害很多，但随着人民生活水平的提高以及环保防护意识的增强，防静电金属布的应用范围逐步扩大。

防静电金属布的服装如职业装、工装、防护服等日益成为市场上的热门商品。据调查，目前，许多发达国家的防静电布已经进入人们的普通家居中，如床上盖的、铺的、垫的都用上了防静电金属布。

延伸阅读

生活中，防静电小窍门有：①出门前去洗个手，或者先把手放墙上抹一下去除静电。②在碰触铁制品之前，可先用钥匙、别针、手套等触碰一下，之后再用自己的手触碰。③多穿全棉的内衣。④尽可能远离电视机、电冰箱之类的电器，常用加湿器，或者在暖气片下面放一盆水，取出一条毛巾在水中浸湿，一头放在水中，另一头放在暖气片上。⑤多用保湿类的护肤品。

44 隐身飞机是怎样逃过雷达监视的

普通飞机往往很难逃过雷达的“眼睛”，但是有一种飞机却可以躲过敌人的雷达监视系统，突然出现在所要打击的敌方军事目标上空，迅速摧毁敌人的飞机、机场甚至雷达系统。由于这种飞机不容易被雷达等监视系统侦察到，就像小说中的隐身人不会被人看到一样，因而这种飞机被称作隐身飞机。为什么隐身飞机能够逃过雷达等监视系统的侦察呢？

雷达等现代监视系统的工作原理都是利用波的反射和吸收功能进行监视的。这些波包括电磁波、光波和声。雷达及主动红外探测仪等只有自身发射短波、微波或红外线，然后再接收被测物的反射才能发现目标。隐身飞机之所以能逃过雷达的监测，是因为它是根据雷达等监测系统的弱点设计的。雷达等主动监测系统所发出的波主要通过两种形式循原路反射回去：一是垂直入射的镜面反射，二是直角形表面的折面反射。针对这个特点，隐身飞机的机身、机翼、尾翼等均融为一体，各部分之间全部采用平滑过渡设计，直接减少了这两种反射。另外，隐身飞机在机身上涂敷了高吸收率的材料，主要有结构型复合材料和涂料型粉末材料。前者为多孔形松散结构，使入射波在微孔中反复振荡而衰减；后者是通过材料与电磁波间的各种电磁作用，使电磁波转变为热而散失掉。

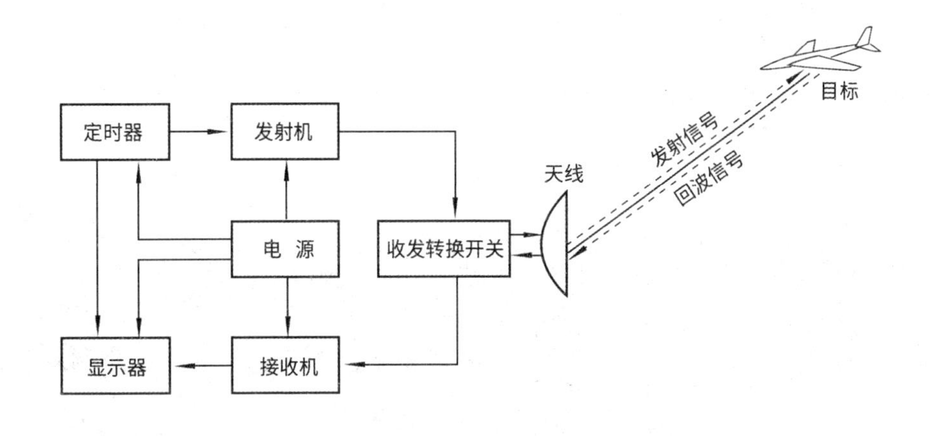

除了制止雷达发射的发射波被反射回去，隐身飞机还需尽可能降低自身辐射。发动机的隆隆声响，高温部件和高温喷射

气流所发出的大量红外线，是被动监测系统追寻的目标。隐身飞机采用高效、低热、低噪声的发动机，并且在发动机上敷设吸热、消声装置。喷气尾管做得很长，并采用“百叶窗式”散热结构，以充分利用机外冷空气降温，使喷出气体的温度降至很少发射出红外线的程度。

采用以上措施设计制造的隐身飞机，可以有效地减少各种波的反射和辐射，因而可以隐蔽地接近敌人而不被发觉。但这种飞机造价极高，而且，隐身飞机也并不能完全不反射、不发射波和红外线，所以，各国在研制隐身飞机的同时，也在研制反隐身雷达。

延伸阅读

电磁辐射又称电子烟雾，是由空间共同移送的电能量和磁能量所组成。电磁辐射是以一种看不见、摸不着的特殊形态存在的物质。地球本身就是一个大磁场，它表面的热辐射和雷电都会产生电磁辐射。太阳光、家用电器等都会发出强度不同的辐射。

45 核电站不会像原子弹一样爆炸

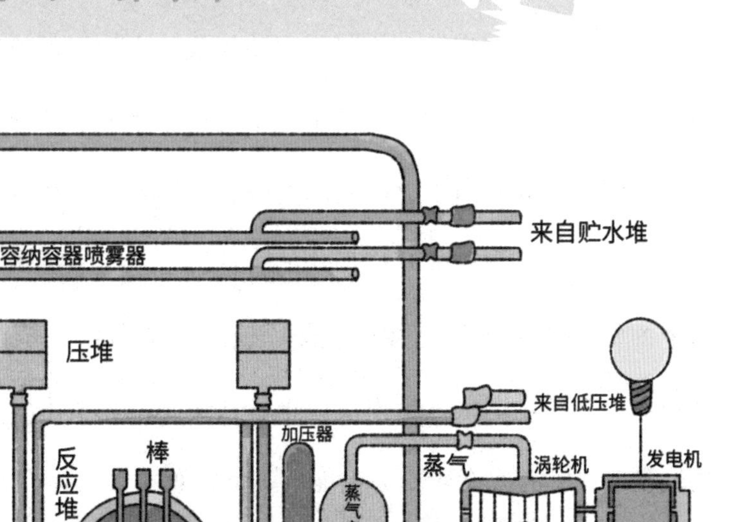

英国物理学家曾于1904年对放射性元素的潜在能量做过这样的推测：“如果能够随意地控制放射性元素的衰变速率，那么人们就可以从少量物质中取得巨大的能量。”随着原子裂变现象的出现，原子能的利用成为现实。原子弹是利用核裂变原理制作而成的，核电站也是利用核裂变原理发电的。那么，核电站会不会像原子弹一样爆炸呢？

核电站的外层是一层安全壳，用来控制和限制放射性物质从反应堆扩散出去，防止裂变产物释放到周围的最后一道屏障。在安全壳内，安置着高度密封的反应堆容器和冷却剂回路管线，方块形的汽轮机厂房，不冒烟的烟囱，用以排放工厂通风系统的空气。“燃烧”原子核的炉子，叫作反应堆，核反应堆相当于火电站的锅炉。水用泵打进核反应堆里，会流经加工成棒状、板状或其他几何形状的含铀燃料（天然铀或浓缩铀），正在裂变中的铀核通过特殊燃烧产生热，使水变成蒸汽，蒸汽进入温度较低的冷却剂，冷却剂把蒸汽带出反应堆，再送到汽轮机上。蒸气会推动汽轮发电机发电，使机械能转变为电能。铀裂变而发生爆炸，需要一定的临界值。在核电站的反应堆中，进行受控核裂变，会使裂变反应保持在临界值以下，因而，核电站不会像原子弹一样爆炸。尽管如此，但是若违反操作规程也会导致反应堆被烧熔，放射性物质逸出，从而导致放射污染，如 1986 年的苏联切尔诺贝利核电站事故就造成了重大的人员伤亡和环境污染、1999 年日本发生了违反操作规程造成的核辐射事故。2011 年，日本因大地震再次发生严重的核泄漏事故，这给日本带来了无法估计的损失。

核能被应用在很多方面，如铀矿勘探、燃料元件制造、反应堆发电、乏燃料后处理以及与核工业相关的建筑安装、设备制造与加工、安全防护及环境保护等。在航海方面，1959 年，世界上第一艘核能商船“萨凡纳号”建成。在航天航空方面，美国海军于 1961 年测试了世界上最大的核动力航空母舰 “企业号”航空母舰。在医学方面，核医学方法给人类带来了一种比外科手术更为安全、廉价的治疗方法，它能在癌症早期诊察出癌细胞是否已经扩散到淋巴系统。还能够运用影像技术，及早发现肿瘤，提高癌症病人的存活率。另外，核电池能做很好的心脏起搏器。在建筑方面，通过射线改变物质结构，使木材更坚硬、表面更光滑并具防火性能。在食品方面，经过辐射处理后能够灭菌达到长期保鲜防腐的效果。

延伸阅读

世界上的一切物质都是由原子构成的，原子又是由原子核和它周围的电子构成的。轻原子核的融合和重原子核的分裂都能放出能量，分别称为核聚变能和核裂变能，简称核能。核能能够转化为电能。核能的主要优势是：(1)采用水冷反应堆和增殖反应堆技术来发电，效率很高。(2)增殖反应堆由于技术上的原因，是被严格密封起来的，因此，增殖反应堆更加安全。(3)不会产生像二氧化硫、氮氧化物、一氧化碳、二氧化碳等气体污染空气。(4)发电所消耗的核燃料量非常少。一座燃烧煤、石油传统化石燃料的大型电站，每年需要投进几百万吨燃料，同样产能的核电站，每年只需1吨燃料。(5)虽然人们正在开发太阳能等干净的新能源，但这些新能源目前能达到的功率水平还较低，费用还很高，而核电的费用则非常低。

46 灯丝断后

再搭在一起灯泡会更亮

在晚上，我们已经习惯有电灯陪伴。有些人会在卧室安装白炽灯，因为很喜欢它发出的柔和光线。不过，任何物品都有损坏的时候。就像白炽灯，有时候会突然不亮了。此时，你可以取下来检查灯泡，通常都是里面的灯丝断开了。轻轻摇动灯泡，小心地将灯丝搭在一起，弄好后重新将灯泡装上，你会发现灯泡重新亮了起来，而且比之前更亮了。

导体的电阻跟它的长度成正比，灯丝烧断后再搭上，灯丝的长度变短了，相应地，灯丝的电阻就变小了，而通过电灯的电压是一定的。这样，通过灯丝的电流强度就增大了。从而导致灯泡的功率增大，所以看上去灯泡就会比以前更亮些。不过，重新将灯丝搭在一起的灯泡用不了多久就会坏掉。这是因为灯丝材料的耐热能力是有一定限度的，灯丝断后再搭起来，由于电功率变大，单位时间内放出的热量增加，所以灯丝很容易烧断，灯泡的寿命也不会持续太久。

因为白炽灯散热量很高，很多国家开始限制白炽灯的使用。对宾馆的限制主要靠设计师、装饰工程师和建设单位共同努力，对家庭主要靠政府运用价格政策引导。我国提倡绿色照明工程，其宗旨就是节约能源、保护环境和提高照明质量。白炽灯还有一个劣势就是灯丝电阻较大，如果将电阻小的导体和没有电阻的超导体应用于实际生活，会给人类带来很大的好处。比如，在电厂发电、运输电力、储存电力等方面采用超导材料，可以大大降低由电阻引起的电能消耗。另外，用超导材料制造电子元件，因为没有电阻，不必考虑散热的问题，元件尺寸就可以大大缩小，这样会进一步实现电子设备的微型化。

延伸阅读

电阻，物体对电流的阻碍作用就叫该物体的电阻。电阻小的物质称为电导体，简称导体。电阻大的物质称为电绝缘体，简称绝缘体。白炽灯里的灯丝是有电阻的。白炽灯将灯丝通电加热到白炽状态，利用热辐射发出可见光的电光源。大部分白炽灯会把消耗能量中的90%转化成无用的热能，而只把10%的能量转换成光。荧光灯会将40%的能量转化为光，所产生的热相当于同亮度的白炽灯的六分之一。所以，许多商场、大楼都会使用荧光灯照明以节省电能。

47 频繁开关

日光灯的危害

随手开关灯，对节约用电很有帮助。但对于日光灯而言，它却经不起一会儿开灯一会儿关灯的折腾。因为频繁地开关灯，不仅能够缩短日光灯管的寿命，还会对人的身体造成一定伤害，我们在使用日光灯时，应避免不停按开关的情况。

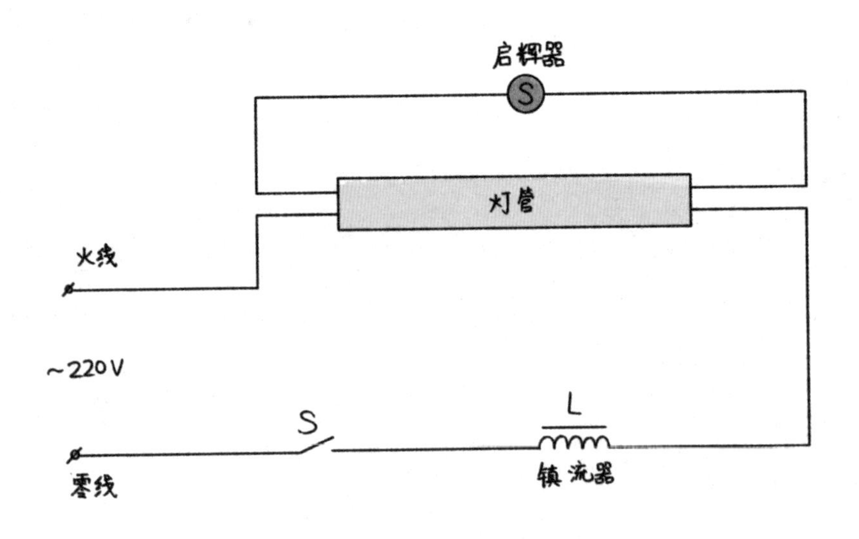

日光灯又称荧光灯，它由一根真空的灯管构成，灯管内壁上涂有荧光粉，灯管内充有微量的氩和稀薄的汞蒸气，灯两端各有一根灯丝，灯丝上涂有容易发射电子的碳酸盐物质构成的电子粉。两根灯丝之间的气体导电时发出紫外线，使荧光粉发出柔和的可见光。除灯管外，日光灯还包括启动器和镇流器两个重要部件。开启日光灯时，启动器导通，较大的启动电流（比工作电流大40%左右）使两端灯丝迅速加热发射出大量电子。此时启动器自动地突然断开，镇流器上就产生瞬时感应高电压，它与电源电压一起加在灯管两端，使电子加速运动撞击氩气分子，氩气即发生电离放电。氩气导电产生的热使管内水银蒸发，水银分子在电子和氩离子的碰撞下辐射出大量紫外线。管壁上的荧光粉在紫外线的激发下发光，从而辐射出与日光近似的照明光来。这就是日光灯的启动过程。这一过程结束后，镇流器中的磁性线圈在交变电流的作用下产生的反电动势，使加在灯管两端的电压低于110伏，在这样的电压下启动器保持断开状态，流过灯管的就是正常工作电流。它使氩气处于导通状态，从而维持日光灯持续地正常发光。日光灯每开启一次都有一次高速的电子溅射过程，溅射电子轰击两端管壁的荧光粉，同时，两端的水银蒸气分子也最先辐射紫外线，比较集中地轰击两端的荧光粉。所以，日光灯管总是两端处的荧光粉最易脱落发黑，观察家里的日光灯，你会发现灯管两端各有一道黑圈，黑圈逐渐扩大，最后，日光灯就无法开启了。所以，频繁开启日光灯会缩短日光灯的使用寿命。

据测定，日光灯每启动一次，对灯管的损害相当于正常工作状态下约10小时对灯管的损害。一般日光灯管的额定寿命在2000 ~ 5000小时，即使不持续发光，开关上千次灯管也就损坏了。所以，灯管的损坏往往不在于正常发光，而在于多次的开启。所以，日光灯不应随意开关，也不宜忽开忽关，以免由于频繁开关造成灯管的损害。

延伸阅读

灯管启动时需要一个高电压，正常发光时只允许通过不大的电流，这时灯管两端的电压低于电源电压。这个高电压，就由我们平时所说的启动器提供。当日光灯接入电路以后，启动器两个电极间开始发光放电，这会使双金属片受热膨胀而与静触极接触再断开，产生瞬时高压。镇流器起着稳定电路中电流的作用。现在的日光灯越来越多地采用电子镇流器。它实际上是一个高频谐振逆变器，体积小、重量轻、耗能低，低电压下仍能启动和工作，没有频闪和噪声情况。但是，该电路的工作频率高达20 ~ 30千赫兹，不仅影响其他电子仪器的正常工作，还容易对电网造成污染，对人体造成伤害。

48 超导对人类有什么用处

人们日常所使用的电线，通常是用铜、铝等金属做导线的，因为金属是电的良导体。但是在通常条件下，金属导线都有电阻。在一根有电流的导线里，电荷的流动是受到金属导线阻碍的。当我们用手摸电线或家用电器时，会感觉电线或家用电器发热，这就是因为电阻的存在造成它们升温。电流流过有电阻的导体时产生热造成能量的大量损耗，形成能源的极大浪费。于是人们设想，能不能使电阻大大减小甚至消碍，减小电流所受到的阻碍，从而极大地节省能源呢？

当科学技术日渐进步，想要减小电流所受阻碍的想法也逐渐变为现实。实验发现，当温度降低，金属的电导率会变大，而电导率与电阻率互为倒数关系，所以电阻会减小。1911 年，荷兰莱顿实验室的物理学家卡末林·昂尼斯等人在做实验时发现，在一定条件支持下，水银的电阻消失了。确切地说，当水银在4.2K附近，会进入一个新的物态，其电阻实际变为零。对这种具有特殊电性质的物质形态，他们定名为超导态，而电阻发生突然变化的温度称为超导临界温度。随后，他们又发现其他许多金属有超导电现象，如锡，约在3.8K时变为超导态。具有超导现象的物体称为超导体，超导体的最重要特性是零电阻和完全抗磁性。

在采用了高压技术、低温下淀积成薄膜的技术、极快速冷却等特殊技术后，以前认为不能变成超导态的许多半导体和金属元素也已在一定条件下使它们实现了超导态。在超导态中，由于没有了电阻，通过导体的电流几乎不存在衰减。这可以解决长期困扰电力传输中的电能损耗问题，以及由于器件发热造成的电器寿命缩短的问题。1961年，人们成功地制造出超导磁体，它出现超导现象的临界转变温度高，不仅可以产生很强的磁场，而且体积小、质量小、损耗电能小，标志着超导体开始进入实用阶段。自那以后，由于实用超导材料和低温技术的不断发展，超导磁体获得了越来越广泛的应用。特别是20世纪70年代发现的氧化物超导体，引发了各国你追我赶地研制高温超导材料的热潮，而中国科学物理研究所赵忠贤院士领导的超导研究和开发工作已处于世界领先水平。目前人们已经制成了临界温度在150K(–123℃)左右的高温超导体。也许在不久的将来，人们可以研制出能在常温下使用的超导材料。

由于超导体可以大大减小能量的损耗，又可以获得很强的磁场，就可以用在发电机、电动机上，可以制造出体积小、质量小、输出功率高、损耗小的高效率的超导电机、高功能超导磁流体发电机，也可以用于核电站的受控热核反应。利用超导体制成的超导计算机，运算速度快、能耗低，体积小；利用超导体，还可以制造出速度在500千米/时以上的磁悬浮高速列车。此外，在核物理、高能物理实验，以及研究物质结构、生物分子时使用的一些重要的仪器时，

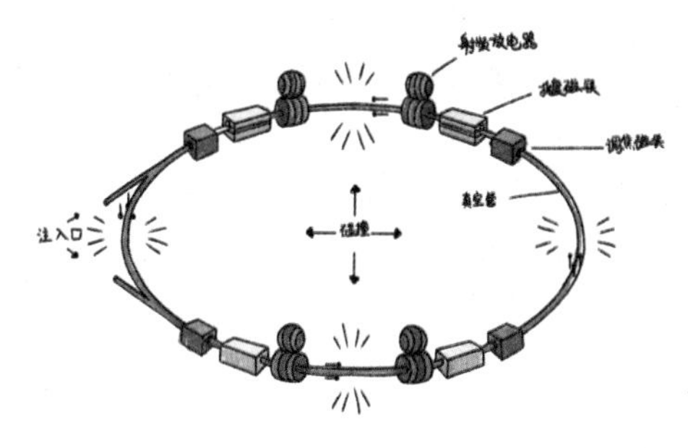

如环形粒子加速器、高分辨率电子显微镜、核磁共振仪等，超导体在这些仪器中也都有着广泛的应用。

延伸阅读

电能的运输是超导体最重要的应用之一。由于电阻的存在，在电能输送过程中会消耗大量的电能，目前，在用正常导体输电的情况下，为了进一步提高输电容量，只好向超高压方向发展，但在这样的超高压下输电，能量损耗大，效率降低。如果能研制出在较高临界温度下稳定使用的超导材料，就有可能使用超导线进行长距离大容量电能输送了。

49 变压器是怎样改变电压的

我们知道，变压器能改变电压，在电流从电厂输送到输电网上传输之前，要将其变为超高压电流；在进入工厂和家庭之前，又要逐渐将电压降低到工作电压，才能用来带动用电设备。从高压到低压，或从低压到高压的转变，都离不开变压器。那么，为什么变压器能改变电压呢？

原来，变压器是根据变化的电场产生变化的磁场，变化的磁场产生电场原理制作出来的。普通变压器一般都有两个独立的线圈，同绕在一个闭合的铁芯上，铁芯是用硅钢片叠加组成的。接在交流电网间的一个线圈叫作初级线圈或原线圈，另一个接负载的线圈叫作次级线圈或副线圈。当电流在初级线圈内流过时，它的周围便产生一个磁场，但由于交流电经常改变方向，电不断地停止流动，又再开始流动，在每次电流更改方向时，磁场消失又再重现，因此磁场经常处在“运动”中。变化的磁场不断地穿过次级线圈，来来去去，便在次级线圈中诱导出电子流。

在次级线圈中产生的电压，其总量取决于两线圈的匝数之比。例如，初级线圈有100匝，而次级线圈有200匝，那么，在次级线圈内产生的电压，将为加于初级线圈的电压的1倍。这样，就可以将低压电变为高压电。加大两个线圈的匝数比，就可以把电压提高更高的倍数。反过来也一样，如果初级线圈的匝数比次级线圈的匝数多，在次级线圈中的电压将会降低。这样，就可以将高压电变为低压电。由此可见，变压器之所以能够改变电压的高低，主要是因为初级线圈和次级线圈的匝数不同：初级线圈匝数比次级线圈多，是降压变压器；反之，初级线圈匝数比次级线圈少，是升压变压器。用变压器几乎可以构成任何电压比率，只要更改变压器两边线圈的匝数比就行了。

变压器可以用于生活、生产很多方面。比如，将其用于输配电能，可以使供电更可靠，农村用电更趋低价。又如，它可以用于通信系统。另外，它还可以用于要求防火、防爆的场所，如商业中心、机场、地铁、高层建筑、水电站等，在这些场所，可以选用干式配电变压器。

延伸阅读

变压器是利用电磁感应的原理从一个电路向另一个电路传递电能或传输信号的的装置，主要构件是初级线圈、次级线圈和铁磁芯。在电器设备和无线电路中，常用作升降电压、匹配阻抗、安全隔离等。变压器只能改变交流电的电压，但不能改变直流电的电压。变压器按其用途可以分为：①电力变压器：用于输配电系统的升、降电压。②仪用变压器：用于测量仪表和继电保护装置。③试验变压器：能产生高压，对电气设备进行高压试验。④特种变压器：用于城区配电及各工矿企业配电工程。

Part 5

光学奥妙

50 镜子里看到的是真实的自己吗

如果有人问你，你在镜子里看到的是谁？你一定会回答：“当然是自己了，镜子里的人是自己的最精确复制。”从某方面来说，这个回答是正确的，毕竟镜子里的人有着和自己一模一样的身体和脸庞。不过，再重新看一眼，你会发现，当你举起左手时，镜中人却举起了右手。有这些差异在，还能说镜子里看到的是真实的自己吗？

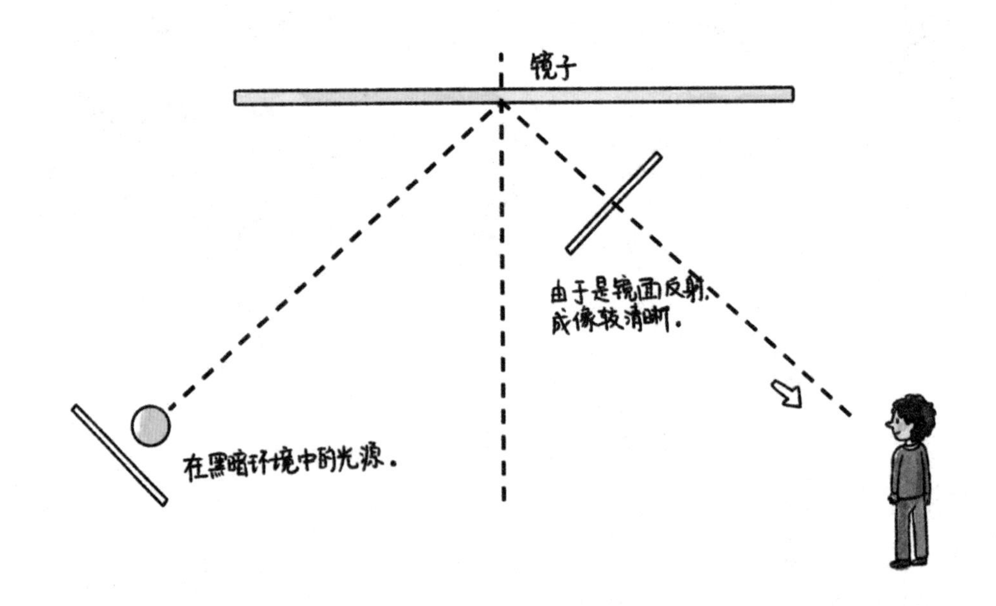

试着完成下面这个测试：在书桌上竖直放一面镜子，在镜子前面的桌子上铺一张纸，在纸上画图，圆形也行，方形也行。画的时候，眼睛不要看自己的手，而是直直盯着镜子中自己正在画的图。此时，你会发现，原本轻而易举就能画出的图形，因为多出一面镜子，竟然变得异常难画。停下来，重新拿一张纸，画一幅稍微复杂点的画，同样眼睛盯着镜子，最后你会发现，自己的画已经乱成了一团。为什么盯着镜子画画会这么艰难呢？原来，这与镜子的反射特性有关。镜子的反射会让人看到一个和自己身体结构以及动作完全相反的影像。原本我们的视觉和身体动作已经达到了某种协调，但是当看着镜子画画时，这种协调被镜子的反射打破了。当我们的手按着原有记忆画画时，却看到镜子里的手在朝相反的方向画，这时，我们就变得不知道该怎么办好，手变得一会儿向左一会儿向右。

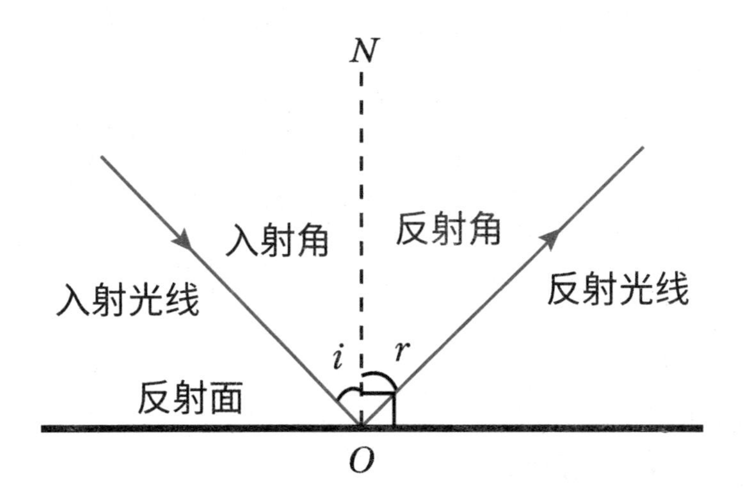

因为具有反射成像的特征，镜子被运用在了生活中的很多方面，如梳妆镜，它可以帮我们整理仪容用，让我们随时保持一个好的形象。梳妆镜属于平面镜，除了平面镜以外，镜子还可分为凹面镜、凸面镜。凹面镜和凸面镜被用在了生活、工作中的很多方面，如望远镜、显微镜、汽车后视镜、哈哈镜、潜望镜等。

延伸阅读

梳妆镜本是一面玻璃，因为玻璃的一面涂了银、铝等金属而使其具有了反射光线的能力，从而成了平面镜。当太阳或者灯的光照射到人的身上，发生了反射，这些光再经平面镜发生反射，平面镜会将光反射到我们的眼睛里，于是我们看到了自己在平面镜中的虚像。平面镜的反射能力取决于入射光线的角度、镜面的光滑度和所镀金属膜的性质。平面镜前的物体在镜后成正立的虚像，像与镜面的距离与物体与镜面的距离相等。如果想从镜中看到本人整个身长，镜子的高度就必须达到本人身长的一半。

51 汽车的后视镜是凸面镜吗

出门上学或办事，难免要乘坐汽车。如果留心的话会发现，无论是公共汽车还是小汽车，它们的后视镜都是凸面镜。知道这是为什么吗？如果你说不出所以然来，那么在下次乘车时可以留心观察一下汽车后视镜，看一看通过这面镜子看到的人和景，是不是都被缩小了好多。

直到明末清初，玻璃镜子才由传教士从欧洲传入我国，而在之前的几千年里，人们梳妆用的镜子大多以铜镜为主。古人其实是很聪明的，他们很清楚，凹面的镜子照出来的人脸显大，凸面的镜子照出来的人脸显小。所以在铸造铜镜时，他们会把镜面大的做成平的，把镜面小的做成凸的，这样，就算是小块的铜镜也能照出人的整个脸庞了。另外，古人还会根据镜面的大小，来增减镜子凸起的程度，使照出来的人的脸庞与镜子的大小相当。

汽车后视镜使用凸面镜也是这个原因。凸面镜和平面镜不一样，平面镜里的虚像和原物大小一样，而凸面镜的成像是正立、缩小的虚像。同样大小的两面镜子，从凸面镜里看到的外界范围就比从平面镜里看到的大，所以汽车后视镜都是凸面镜，这样司机在倒车时就能扩大视野，看到更大范围内的东西，从而不容易碰到人或物体。

凸面镜的应用较为广泛，可用于转弯镜、广角镜等，在马路拐弯的地方，尤其是拐弯时有障碍物、视线不好的地方，一般都会安放一面大的凸面镜，它能为司机提供大的视角范围，有效避免了交通事故的发生。

延伸阅读

凸透镜和凹透镜都属于透镜的一种，凸透镜有使光会聚的作用，凹透镜有使光发散的作用。凸透镜主要对光线起折射作用，凹透镜主要对光线起反射作用。凸透镜是折射成像，成的像可以是：倒立、放大的实像，正立、缩小或等大或放大的虚像；凹面镜是反射成像，成的像可以是：倒立、放大的虚像，倒立、缩小的实像。两者在生活中应用最多的就是眼镜，近视镜是凹透镜，老花镜是凸透镜。

52 折射欺骗了我们的眼睛

生活在河边的孩子，夏天时通常喜欢在河边捞鱼。捞鱼是个技术活，技术好的人一个小时能捞到整整一篓鱼，技术不好的一天都捞不到几条。有的孩子明明眼尖手快，可就是捞不到鱼。对于这样的孩子来说，只要对阳光折射有了一定了解，捞起鱼来就会得心应手很多。到那时，他们会知道，他们在河岸边看到的鱼只是一个虚假的影子，并不是真正的鱼。

在吃饭时，试着将一根筷子的一头伸到盛有清水的杯子或碗里，你会发现，水面之上和水面之下的筷子发生了错位，筷子就像折断了一样。再联想一下水中的鱼，其实两者之间有相同之处。水中的筷子和水上的筷子虽然是一根筷子，但因为光在水面发生折射，会呈现出一种错位状态。同样，水中的鱼

通过光在水面的折射，其真正位置也并不是我们从河岸边看到的那样。光在同一种介质中总是沿着直线传播，但当它从一种介质进入另一种介质时，例如，从空气进入水或从水进入空气，会因为传播速度的不同，而在两者的分界面上发生偏折，然后再沿着一条直线传播。这种现象，就叫作光的折射。淹没在水中的筷子反射的光线经过水与空气的分界面时，向水面偏折了一个角度，使筷子在水中的部分与在空气中的部分看起来像是形成了一定的角度，就好像筷子折断了一样。这种现象正是由光的折射特性造成的。当我们站在水池或河岸边看水里的鱼时，从鱼身上反射出来的光线，在通过从水与空气的分界面时，也发生了折射，绝大多数光线改变了原来直线传播的方向，向水面偏了一个角度，我们所看到的，就是已经偏转了一定角度的光线。

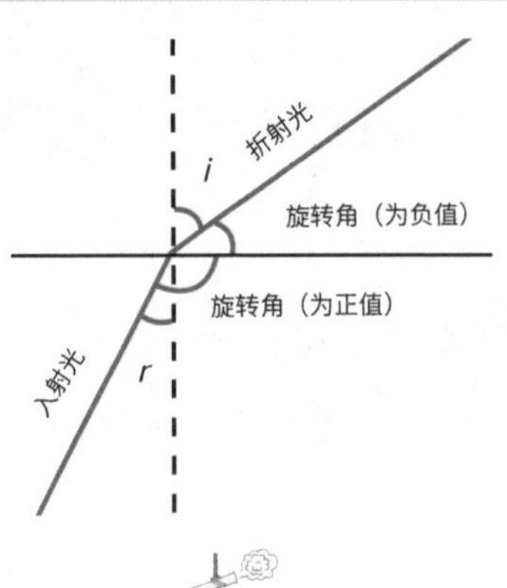

折射图

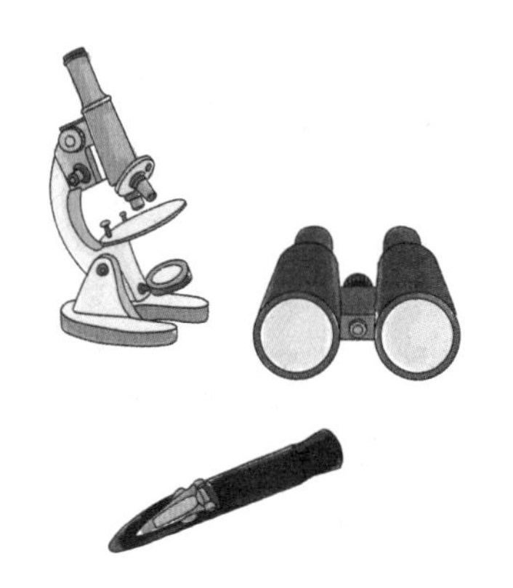

显微镜、望远镜等也是利用光的折射制成的，没有光的折射，人也无法发明望远镜、显微镜、放大镜。人们根据折射原理生产出了折射仪，折射仪又称折光仪，是利用光线测试液体浓度的仪器，主要由高折射率棱镜、棱镜反射镜、透镜、标尺和目镜等组成。

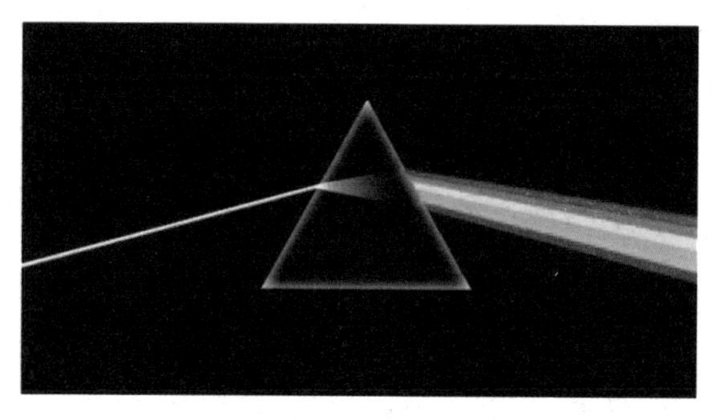

三棱镜折射图

延伸阅读

光的折射与光的反射会同时发生在两种介质的交界处，只不过，反射光会返回原介质中，而折射光会进入另一种介质中，由于光在两种不同的物质里传播速度不同，所以它在两种介质的交界处传播方向也会发生变化。反射光光速与入射光相同，折射光光速与入射光不同。如果说光线反射的时候是依最短的路径行进的，那么它在折射的时候是取最快的路径的。由于光的折射，池水看起来比实际的浅，所以当你站在岸边时，不要轻易下水，以免发生不必要的危险。

53 海市蜃楼是怎么形成的

听说过“蓬莱仙境”吗？那是对山东蓬莱市这一旅游城市的美称。它濒临渤、黄二海，而渤海自古就被赞为是神仙居住的地方。风轻云淡的五六月，站在浩瀚的大海边极目远眺，曾有人看到恍如仙境似的场景出现，在这一场景中，有飘渺的远山、别致清雅的城镇、琳琅满目的街道，还有穿着奇怪的人群。一切看来是那么的真实，让不经意间看到的人忍不住想走入其中，可惜这一切都是虚幻的。海上的这种奇观，就是人们所说的海市蜃楼。

在沙漠中行走的旅人，有时候在遥望天际时，会看到绿洲和湖水，这给了他们继续前行的勇气以及拥抱草地的希望，然而，绿洲和湖水都是虚幻的，就如同在海边看到的景物一样，它只是一个幻影。可为什么会出现这样奇特的幻影呢？先从海边说起吧，海市蜃楼是一种因光的折射而形成的自然现象，是地球上物体反射的光经大气折射而形成的虚像。全反射是光由光密媒质射到光疏媒质的界面时，全部被反射回原媒质内的现象。

海水的热容量很大，即使在强烈的阳光照耀下，水温也不容易升高。这时，海面上的空气层会处于上暖下冷的状态，空气上层的密度小，空气下层的密度大。假设在海平线的那头有一座小

岛，我们在海岸边根本看不到它，但如果此时空气下密上稀的差异太大了，来自小岛的光线会由密度大的气层逐渐折射进入密度小的气层，并在上层发生全反射，然后再折回到下层密度大的气层中来，经过一番弯曲的线路，最后小岛的样子就呈现在了岸边人的视线里。由于人的视觉总是感到物像是来自直线方向的，因此我们所看到的轮船映像比实物抬高了许多，所以叫作上现蜃景。在无风的夏日里，这样的空气层能够保持相对的稳定，但一旦海面刮起大风，空气的密度均匀了，海市蜃楼就会消失。相对上现蜃景，还有下现蜃景，那就是在沙漠中出现的蜃景景象，我们看到的幻景位于实物的下方。不管是哪种蜃景，都是这个世界上真实存在的，只不过它可能是几万里之外的场景。有人说会在海市蜃楼中看到古代的画面，这个说法至今还没有得到考证，但就算古代画面真的显现，那也跟全反射无关，而应该属于电磁学范畴。

全反射被广泛运用于技术研究中，光学纤维束就是利用全反射而研发出来的。光纤在结构上有中心和外皮两种不同介质，光从中心传播时遇到光纤弯曲处，会发生全反射现象。现在，光学纤维束已成为一种新的光学基本元件，是某些新型光学系统以及特殊激光器的组成部分，在光通信、光学特殊照明和光学窥视等方面起着很重要的应用。此外，钻石的夺目闪亮也是根据全反射原理打造出来的。

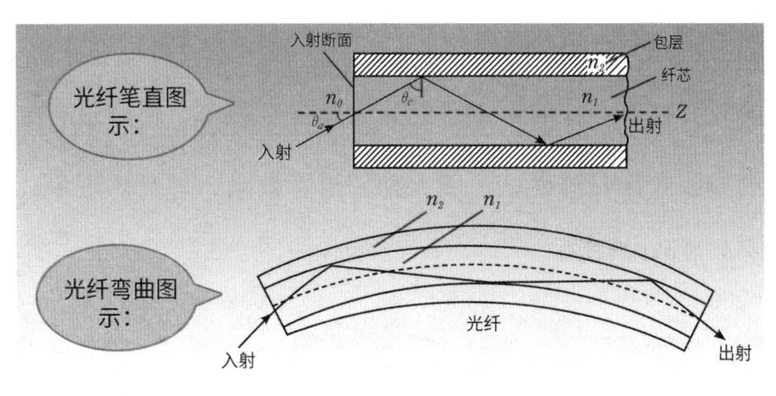

光纤全反射原理图

延伸阅读

全反射是一种特殊的折射现象，当光线从介质A射向介质B时，一般来说，会同时产生反射与折射现象，应该会有一部分光反射回介质A，称为反射光，另一部分光进入介质B，称为折射光。但当介质A的折射率大于介质B的折射率，即光从光密介质射向光疏介质时，折射角是大于入射角的，当入射角增大时，折射角也会增大，当折射角增大到90度时，此时折射光消失，只剩下反射光，称为全反射现象。当折射角为90度时，对应的入射角被称为临界角。

54 双彩虹是怎么回事

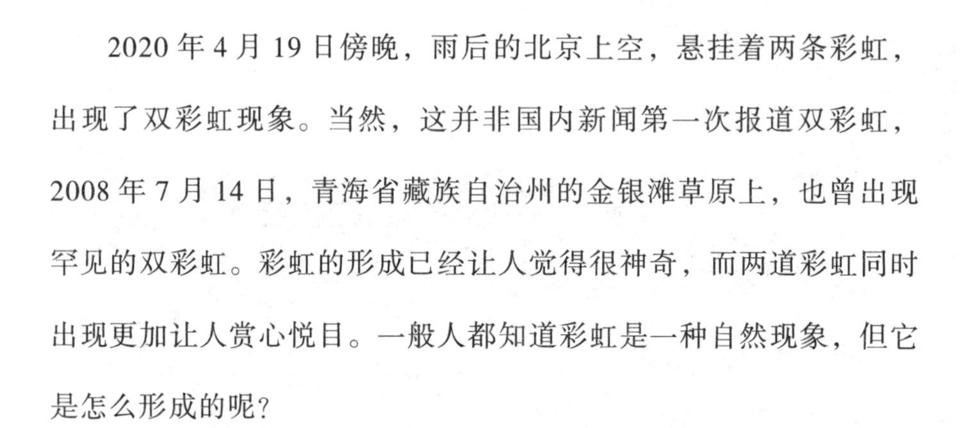

2020 年 4 月 19 日傍晚，雨后的北京上空，悬挂着两条彩虹，出现了双彩虹现象。当然，这并非国内新闻第一次报道双彩虹，2008 年 7 月 14 日，青海省藏族自治州的金银滩草原上，也曾出现罕见的双彩虹。彩虹的形成已经让人觉得很神奇，而两道彩虹同时出现更加让人赏心悦目。一般人都知道彩虹是一种自然现象，但它是怎么形成的呢?

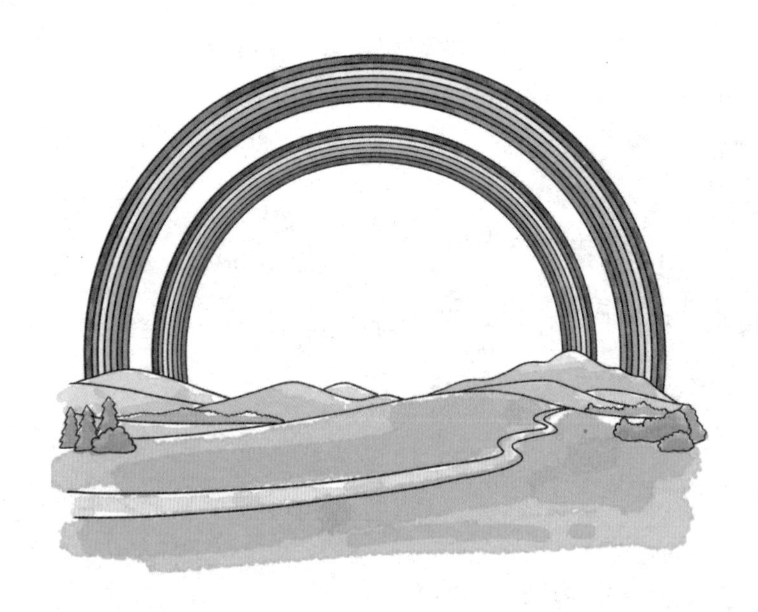

11 世纪时，我国杰出的科学家沈括在《梦溪笔谈》中引用同时代科学家孙彦光的话说："虹，日中雨影也，日照雨，则有之。"意思是：当一场雨过后，太阳照过来，天空便出现了彩虹。唐代张志和在《玄真子》中说道："背日喷乎水，成虹霓之状。"这是说在阳光下，喷泉或瀑布的周围也会出现彩虹。由此看来，彩虹并不只在雨后出现，只要水花飞溅，再加上太阳的照射，哪里都可能出现彩虹。

从科学角度来说，虹是由光线以一定角度照在水滴上所发生的折射、分光、全反射、再折射等过程造成的。夏季，降水多为雷雨或阵雨，这种雨一般范围不大，往往这边下雨，那边出太阳，当日光照射在空气中的雨点上时，就像照射在小玻璃球上一样。此时，会有一部分光线被反射掉，另一部分光线射入雨点，在雨点里面发生全反射，然后再从雨点折射出来。之所以会出现双彩虹，是因为阳光经过水滴时，有的经过一次全反射后折射出来，有的经过了两次内反射后才折射出来。两道彩虹中，第一道是主虹，后一道是霓，霓的颜色的排列次序跟主虹是相反的，颜色也比主虹黯淡。从双彩虹的形成原理中可以延伸出这样一个结论，如果光线穿过水滴时能产生两次以上的反射，天空中有可能出现多道彩虹。据2009年英国《每日邮报》报道，澳大利亚摄影爱好者Nola Davies在她家附近的湖边拍摄到了一张彩虹照，那不是普通的彩虹，因为有6道独立的彩虹同时出现。

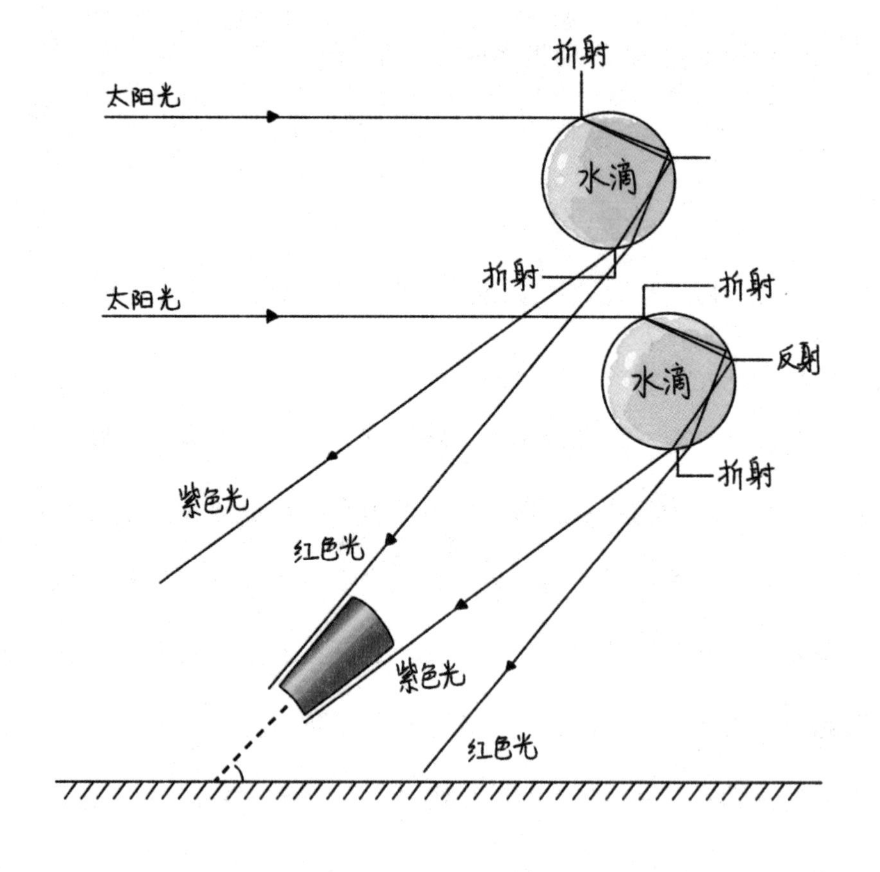

光的反射和折射原理早已应用在生活的各个方面。人们根据光的反射制造出了平面镜、潜望镜、汽车观后镜、太阳灶等，根据光的折射，制造出了望远镜、显微镜、放大镜、投影仪、照相机、门上的“猫眼”等。

在下雨之前或下雨之后，天空中会悬浮许多微小的水珠，这些水珠就会起到三棱镜的作用。当太阳光照到小水珠上，会发生两次折射一次反射，它们使得频率不同的色光沿不同的方向前进，于是就发生了色散现象。色散将白色光分解成了红、橙、黄、绿、蓝、靛、紫七种颜色的光。而这些沿不同方向前进的色光会与太阳光的方向形成一个40°～42°的夹角，也就是我们所看到的彩虹的形状。七道光中，红光折射率最小，紫光折射率最大，故虹的色序是内紫外红。彩虹的色彩、宽度与空气里小水滴的大小有关。雨滴越大，色彩越鲜明、彩虹带越窄；雨滴越小，色彩越黯淡、彩虹带越宽。当雨滴太小时，彩虹就可能会消失。

55 天空真的是蓝色的吗

晴天时，当我们仰望天空，天空总是一片蔚蓝，这让我们觉得，天空本就是蓝色的。可事实果真如此吗？浩瀚的天空就真的只有蓝色这一种颜色吗？如果对光的散射有一定了解，你肯定会给出否定的回答。你会说，天空不是蓝色的，但它也不是其他任何颜色，当真正走进天空时，会发现天空其实是一片黑暗。

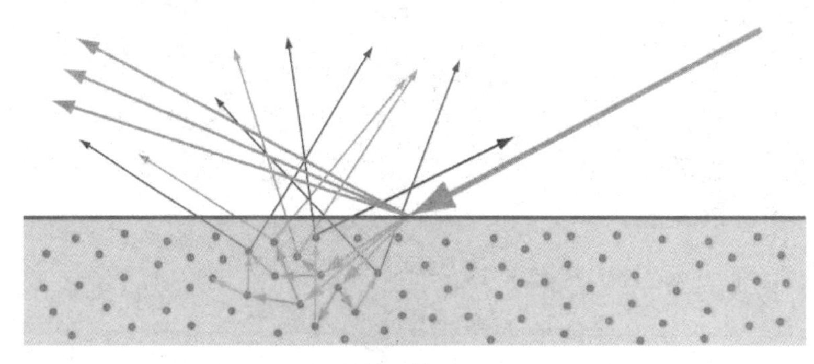

光的散射

天空呈现出的蔚蓝颜色，其实是阳光在大气层中的散射引起的。除了蓝色，我们偶尔还会看到绚烂多彩的朝霞和晚霞，这同样也是大气层散射的光线的颜色。如果天空没有大气和其他微粒的散射作

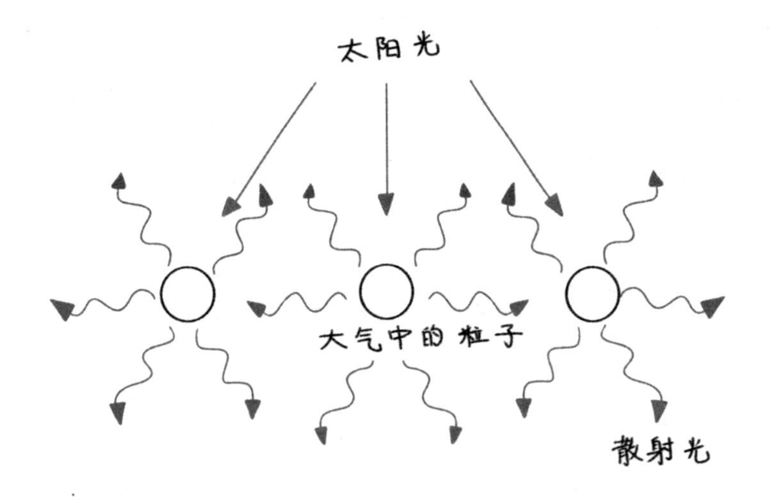

用，那么，除了能看见太阳、月亮、星星以外，整个天空的背景将是一片黑暗。19 世纪末，英国物理学家瑞利研究了光的散射规律。他发现，当太阳光通过大气层时，大气分子对太阳光的散射强弱对不同颜色的光是不同的，经专业测试得出，散射光的强度与光的频率的四次方成正比，也就是说，光的频率越高，散射光的强度也就越强。而太阳光是复色光，它的可见光部分包含了赤、橙、黄、绿、蓝、靛、紫 7 种颜色的光，其中红光频率最低，紫光频率最高，所以当太阳光发出的复合光通过稠密大气层时，大气中的分子对频率较高的紫光和蓝光的散射最为强烈，它们对光的散射强度几乎是红光散射强度的 16 倍。按理说天空会呈现紫光和蓝光，但由于人们的眼睛对蓝光比对紫光更敏感，于是，人们看到的天空的颜色就只有蓝色了。

有一类散射叫作并合散射，其波长和入射光的波长不同，用于研究分子结构以及分析化合物的成分。激光产生的并合散射可用来监测大气污染。此外，根据波长较长的红光不易被散射且穿透能力比波长短的蓝、绿光强的原理，人们会用红光做指示灯，这让司机在大雾迷漫的天气也很容易看清指示灯，有效预防了交通事故的发生。

散射指的是由传播介质的不均匀性引起的光线向四周射去的现象。比如，一束光通过一杯稀释后的牛奶，从光的另一侧看是粉红色，而从光的侧面和上面看是浅蓝色。按介质不均性的标准，光的散射可分为两大类：①悬浮质点散射。介质中含有许多较大的质点，散射光的强度和入射光的波长的关系不明显，散射光的波长和入射光的波长相同。②分子散射，指光通过十分纯净的液体和气体媒介时，由于构成该媒介的分子密度发生变化而被散射的现象。分子散射的光的强度和入射光的波长有关，同时，散射光的波长和入射光相同。朝霞和晚霞呈现红色，是因为早晚阳光以很大的倾角穿过大气层，要穿过的大气层远比中午时厚得多，所有波长较短的蓝光、黄光等会朝侧向散射，而波长较长的红光会穿过大气层到达地面，被人眼所接收。俗话说“早霞不出门，晚霞行千里”，当早晨出现红彤彤的朝霞时，说明大气中水滴已经很多，预示天气将要转雨；当傍晚出现金黄色或紫黄色的霞光时，表明西方已经没有什么云层，阳光才能透射过来形成晚霞，预示天气将要转晴。

56 全息照相让珠宝照片以假乱真

20 世纪 70 年代末期，美国的一家珠宝商店采用激光全息摄影技术，拍摄了大量钻石、翡翠、珍珠等珠宝的照片，并放在了橱窗里。不想到了深夜，橱窗里色彩饱满、晶莹剔透的珠宝照片却引起了一伙强盗的注意，他们砸窗敲门，企图将华美珠宝据为己有。谁知，在好不容易打碎玻璃后，灯光灭了，原本夺人眼球的“珠宝”在刹那间变成了几张暗淡的纸。

激光全息摄影能够将景物活灵活现地展现在照片中，达到以假乱真，让人无法轻易辨别真伪的程度。与普通照片相比，全息照片更具立体感。全息摄影不仅能够记录下光波的强弱信息，还能记录光波的相位信息，从而逼真地展现物体的三维空间。在光线的照射下，稍微上下左右移动自己的视线，在看全息照片时就会像看到真的实体一样，还会发现我们竟然能看到物体被遮住的一面。

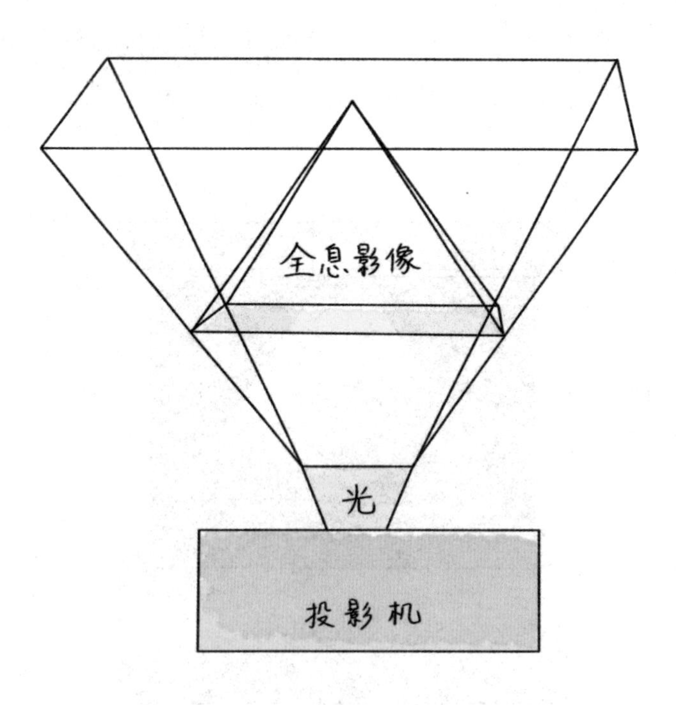

拍摄全息照片的基本程序是，用一块部分反光的玻璃板将从激光器射出的光分成两束。一束光照射到底片上，另一束光则从所要拍摄的物体上散射开来。散射光中会有一部分照射到底片上，和直接照射的光相互干涉。这样，在底片上就会出现干涉图案的明暗条纹，这些条纹较为细密，人靠肉眼无法看到。底片经过显影，把它放到激光器的光束中就能再现干涉图案。当你观看用这种方式照的底片时，干涉图像就会产生所拍摄物体的图像。但这是一个虚像，因为它是由错觉产生的，全靠观察者的眼睛把从底片上散射开来的光线聚集起来。这种错觉能把原来物体的视差和景深都如实地保存下来。

目前，在社会文化生活以及科学技术领域等方面，全息摄影已经得到广泛的应用，有些国家举办了全息摄影展览会，建立了全息摄影美术馆，并出现一些全息摄影艺术家。比如身份证、护照，还有很多不同的防伪标签上都有全息图。在生产和科研领域，如在质量控制、结构分析、流体力学、热力学等方面都已得到应用。此外，在光学信息处理、集成光学和医学研究等方面的应用，全息摄影技术也都有极大的潜力。在文物部门，由于不少藏品比较珍贵，有的还只此一份，丢失后就会造成无法弥补的损失。因此，这些珍贵藏品就用全息照相技术摄成了全息照片，照片用特殊的镜头放大后，给观者的感觉就如看到真品一样。

延伸阅读

普通照相与全息照相的不同主要表现在四个方面：①普通照相是根据几何光学透镜成像原理，将三维空间中的景物“投影”到二维平面感光胶片上；全息照相是根据光的干涉原理，将物体的光波和参考光波在底版上形成复杂的干涉图样。②普通照相只能记录物体光波的光强信息，也就是明暗程度，不能记录位相信息；全息照相可以记录物体光波的振幅和位相信息。这也就是普通照相没有立体感，而全息照相具有立体感的原因。③普通照片如果损坏了，我们看见的物体就不完整了；全息照片如果损坏了，我们还可以从剩余的碎片上获得整个物体的图像，这是由于物体上每一部分反射的光波都覆盖整个记录介质表面，或者说全息图表面每一局部都包括整个物体的信息。④一张全息照片的信息量很大，它相当于从不同角度拍摄的、聚焦在不同胶片的许多个普通照片。可以说，一张全息照片的信息相当于100张或更多张普通照片。

57 一分钟成相的秘密

到一些著名景点旅行，总是会被一些人问：“要不要照张相，一分钟就能出照片。”对一些难得到某地旅游的人来说，是很乐意拍这种照片的。站在秀丽壮观的风景边，摆好姿势，等照相师按下快门后，会有一张纸从照相机中出来，将纸晃一晃，它就变成了一张漂亮的彩色照片。由于从按快门到看到照片，连一分钟都不到，因此，这种快速成相的拍照法称之为“一步摄影法”。

传统照相机在拍照后，要在暗房中把胶片通过显影、漂洗、定影、干燥等工序加工成为底片，然后把底片的影像印在相纸上，再通过上述的工序才能得到照片。暗房里绝不能透进光线来，一旦有光线，胶片就会毁掉。旅游时常见的快照运用的是“一步摄影法”，这种方法完全省略了传统照相机的加工过程，它可以达到随拍随看的效果。“一步摄影法”也称“一分钟成相”，是由美国教授兰德于1974年发明的。“一步摄影法”要用专门的照相机和特制的胶片，这种胶片的周边附带着一种加工药夹。当按下照相机拍照的按钮后，底片会立即感光，接着，底片处的电动机械传动部分被带进两个挤压滚轴之间，滚轴将胶片上的药夹挤破，药夹里的药顺势均匀地铺在曝光的底片夹缝中，使底片上的染料显影剂形成影像并转移到接收照片上，随后，照片被传动部分带到照相机外。从照相机里出来的照片，刚开始还是一片模糊，不一会儿，就会呈现出清晰的彩色图片。

目前，“一步摄影法”除用来拍摄生活照片外，已被广泛应用于科研、医学、地质勘探和科学考察等各个方面。企业在备份资料时，也会用到快照功能。利用数据快照得到的映像可以在数秒内把数据恢复到快照时的时间点。

延伸阅读

“一步摄影法”是一种快速摄影技术，特点是加工迅速方便、感光度很高。它使用一种根据银盐扩散转印原理制的新型感光材料，只需在一分钟或更短的时间内，照相机中的特殊装置就会将曝光、印像和显影合并为一步而获得正像。从本质上来说，快速照相就是一种快速映像复制。这种快速照出来的照片一般不易保存，时间长了，画面会变得模糊。

58 3D立体电影是怎样制作出来的

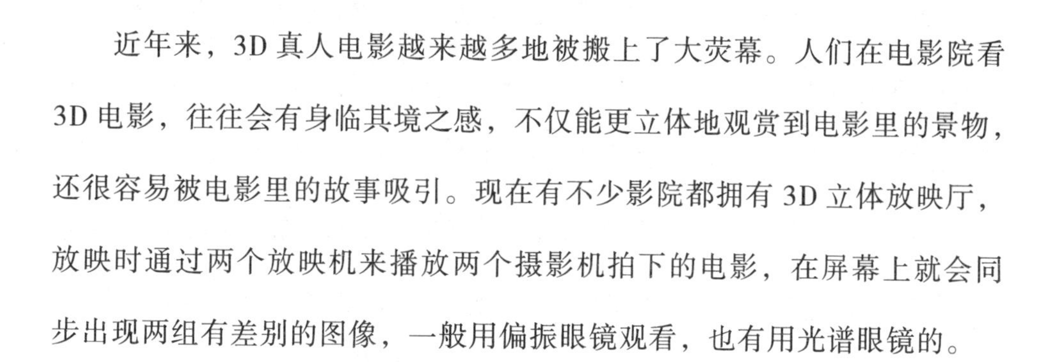

近年来，3D真人电影越来越多地被搬上了大荧幕。人们在电影院看3D电影，往往会有身临其境之感，不仅能更立体地观赏到电影里的景物，还很容易被电影里的故事吸引。现在有不少影院都拥有3D立体放映厅，放映时通过两个放映机来播放两个摄影机拍下的电影，在屏幕上就会同步出现两组有差别的图像，一般用偏振眼镜观看，也有用光谱眼镜的。

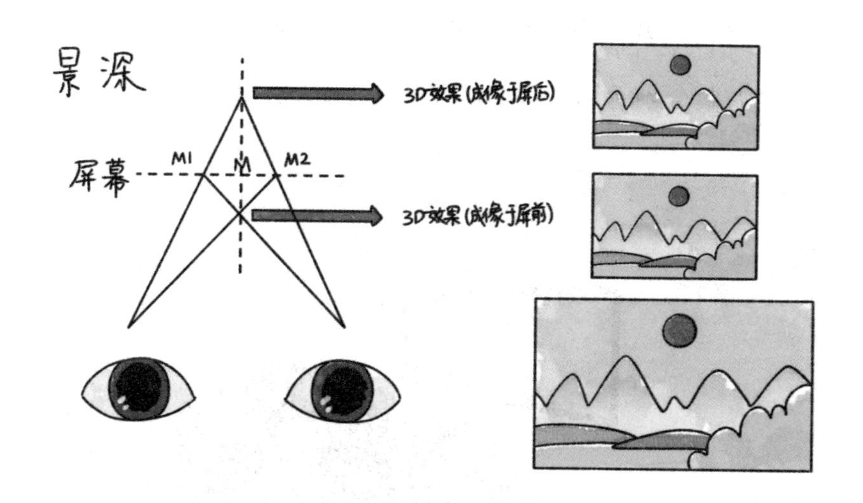

立体电影就是用两个焦距相同、镜头如人眼那样的拍摄装置，拍摄同一物体的两个影像，再通过两台放映机，把两个视点的图像同步放映，使这略有差别的两幅图像显示在银幕上。如果用眼睛直接观看，看到的

画面是接近重叠、模糊不清的。此时，观众需要戴一副专用的偏光眼镜，偏光眼镜片是根据光线的偏振原理制成的，具有独特的优先消除眩光的功能，它能使人的左眼只看到左面镜头拍摄的图像，右眼只看到右面镜头拍摄的图像，这样就会看到身临其境般的3D立体电影。不过，有的立体电影并不需要观众戴眼镜。因为这种立体电影与别的电影从本质上来说并没有什么不同，只是它放映的银幕很特殊，此银幕是由无数个小小的、人眼无法分辨的棱形或圆形的光学透镜排列成的双层光栅银幕。这种银幕可以将左面镜头投射过来的图像反射给观众的左眼，将右面镜头投射过来的图像反射给观众的右眼，并能在一个固定的会聚点产生一个焦点范围，观众只要坐在这个焦点范围内，就可以使左右眼分别看到各自能看到的图像。当左右眼分别看到各自的图像时，电影的立体效果就出来了。

3D立体电影是根据3D技术制作而成的，除运用于电影外，3D技术还运用于其他很多领域。比如，在设计、游戏、动画、建筑模型等领域。3D技术在未来还可能应用于教学、医学、地下采矿、水下作业、空中导航等领域。就比如，在未来医学领域，利用3D显示技术进行手术，将大大提高手术的成功率。此外，根据偏光原理制作出来的偏光眼镜还可以运用在很多方面。阳光照射在沙地、雪地上所形成的反射眩光常会造成眼睛的不适以及疲劳，而偏光镜片根据偏光角度和弧度设计，可以有效地过滤掉这些不规则的反射光线，这样光线进入人的双眼时，就不会让人感到刺眼。

人的左右眼虽然会看到同样的事物，但由于两眼所见角度不同，在视网膜上形成的像也不尽相同，这两个像经过大脑综合以后就能区分物体的前后、远近，从而产生立体视觉。立体电影的制作原理就是用两台摄影机依照人眼睛的视角同时拍摄，在放映时同样以两台放影机同步放映至同一面银幕上。如果你不相信单眼看到的东西不够立体，可以做个试验：闭上一只眼睛，双手伸至眼前30厘米处，举起双手的食指，使它们慢慢向中间靠近。此时，你会发现，当你的眼睛告诉你自己的手指已经碰到一起时，其实并没有，它们发生了视觉错位。如果还不相信，可以换另一只眼睛再做一次。这就是缺乏立体感导致的判断误差。

59 激光都有哪些神奇的作用

你知道同时被称为“最快的刀”“最准的尺”“最亮的光”的物质是什么吗？告诉你，是激光。激光的威力早在1916年已被美国著名的物理学家爱因斯坦预言，但直到1960年激光才被首次成功制造。它是20世纪以来继原子能、计算机、半导体之后，人类的又一次重大发明。

经计算，激光的亮度可以是太阳光的100亿倍，而60毫瓦的氦-氖激光器的亮度是60瓦日光灯的1亿倍，所以人们可以直视60瓦的日光灯，而绝不能直视60毫瓦的激光器发出的激光束。未来战争中，如果激光武器投入战场，攻防双方的伤员中很可能会出现大量的视力伤。而且激光武器速度很快，美国军队曾做过相关试验，用激光枪射击目标，很有可能在百分之一秒内使人双目失明。激光还具有非常好的方向性。普通光源是朝四面八方发射的，其光线可以照亮眼前较小范围的地方，却照不远，让人无法将远处的东西看清楚。激光器不一样，它具有只朝一个方向发射光的特性，而且射出的光束发射角很小，接近衍射极限，称得上是高度平行的光束，因而能够照亮很远的物体。1962年，人类用激光束从地球照射到了月球，且到达月球表面散开的光斑直径只有几百米，光色十分鲜红、耀眼，这是普通的光源无法做到的，即使是最好的探照灯也无法做到。此外，人们常用激光测距仪来测距，测量极为迅速准确，测距范围也很大，小到几微米，大到几万千米都能迅速准确地测出。例如，对8000千米以外的人造卫星测距，误差不超过2厘米，测量时间不超过1秒。

由于激光具有亮度高、单色性好、方向性好的特点，所以它被广泛运用于生产、生活、美容、医学、军事等多个领域，如激光测距、激光焊接、激光钻孔、激光切割、激光治疗、激光打标、激光热处理、激光地震监测、激光唱头、激光同位素分离、激光核聚变、超快过程激光光谱学、激光计算机等。可以毫不夸张地说，激光技术推进了物理学、化学、生物学、医学、工业自动化等学科的研究和发展，加深和拓宽了人们对物质世界的认识。据此可以预测，新的激光器的研制和应用还将不断涌现，从而更好地造福人类。

延伸阅读

激光最初的中文名叫作“镭射”“莱塞”，是英文名称 laser 的音译，laser 是取自英文 light amplification by stimulated emission of radiation 的各单词头一个字母组成的缩写词，意思是“通过受激发射光扩大”。其实，激光是从受激辐射中产生的，而受激辐射又跟物质与光的相互作用有关。

Part 6

物理学家的趣闻

60 阿基米德：给我一个支点，我能撬动地球

古希腊著名的科学家阿基米德曾有豪言：给我一个支点，我就能撬起整个地球。这种近乎狂妄的话也只有从阿基米德这样的科学家嘴里说出来，才不会让人觉得可笑。阿基米德是根据杠杆原理而得出这种结论的，只可惜他没有撬动地球的支点与杠杆，因此他说的那句话也只是笑谈。

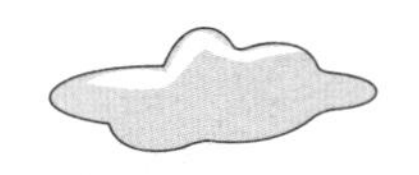

阿基米德在《论平面图形的平衡》一书中最早提出了杠杆原理。如果利用杠杆，就能用一个最小的力，把不论多么重的东西举起来：只要把这个力放在杠杆的长臂上，而让短臂对重物起作用即可。有一次阿基米德写了一封信给叙拉古国王希伦，信里说："一定大小的力可以移动任何重量，如果还有另一个地球的话，我就能到上面去，把我们的地球移动。"阿基米德在物理学方面的成就很大，但如果他知道地球的重量是多么大，他也许就不会说这样的话了。让我们设想阿基米德真的找到了另一个地球做支点，再设想他也做成了一根够长的杠杆。很长的距离用的时间和距离速度有关。不管这位天才的发明家怎样聪明，他也没什么有效办法缩短这段时间。"力学的黄金律"告诉我们，任何一种机器，如果在力上占了便宜，在位置移动的距离上，花去时间更多。

阿基米德对杠杆的研究不仅仅停留在理论方面，他还根据此原理进行了一系列的发明创造。他曾经借助杠杆和滑轮组，使停放在沙滩上的桅船顺利下水。在保卫叙拉古免受罗马海军袭击的战斗中，阿基米德利用杠杆原理制造了远、近不同距离的投石器，并利用它向敌人射出了各种飞弹和巨石，曾把罗马人阻于叙拉古城外达 3 年之久。

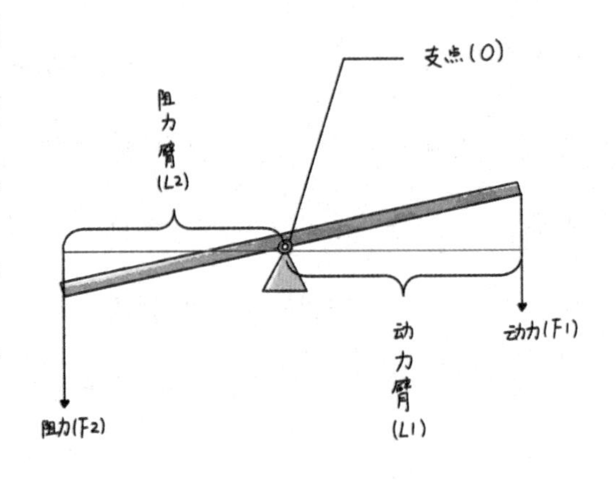

延伸阅读

阿基米德能撬动地球吗？这是绝对不可能的。原因是：①我们找不到那个支点，我们要撬地球，就要站在太空中撬，而太空中是没有重力的；②造不出那根杠杆；③地球不仅自转，还绕太阳高速运转，不能停下来让他撬动；④即使支点找到了，杠杆有了，地球也停下来了，阿基米德也无法撬动地球。所以说，撬动地球是绝对不可能的。

61 伽利略：物理学之父

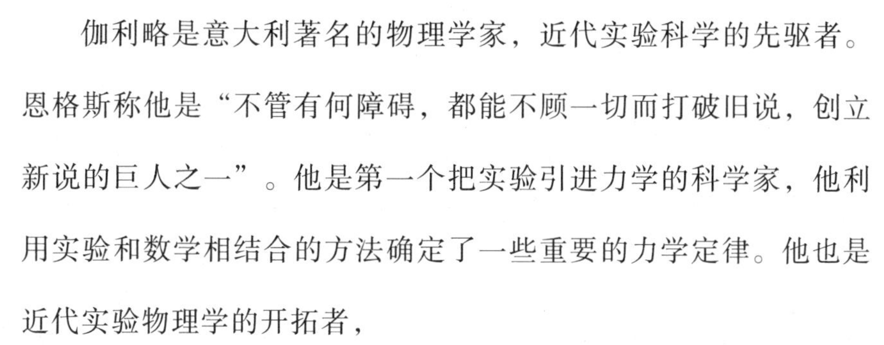

伽利略是意大利著名的物理学家，近代实验科学的先驱者。恩格斯称他是“不管有何障碍，都能不顾一切而打破旧说，创立新说的巨人之一”。他是第一个把实验引进力学的科学家，他利用实验和数学相结合的方法确定了一些重要的力学定律。他也是近代实验物理学的开拓者，被誉为“近代科学之父”。当伽利略的地球围绕太阳转，而太阳只是一个小恒星这一说法得到证实后，人们争相传颂：“哥伦布发现了新大陆，伽利略发现了新宇宙。”

15、16世纪时的欧洲，正是封建社会向资本主义社会转变的关键时期。为了巩固封建统治的秩序以及神权统治的欧洲，神学家们推崇古希腊天文学家托勒密的“地球是宇宙的中心”这一学说，在神学家看来，太阳是围绕地球运转的，因为上帝创造太阳的目的，就是要照亮地球，施恩于人类。为了维护这个荒谬的理论，天主教会的宗教裁判所用尽各种暴力手段对付一切敢于提出异议的人们。1600年2月17日，意大利哲学家布鲁诺因为否定地球中心说，在罗马百花广场被活活烧死。伽利略是布鲁诺的同时代人，在他心中，是支持哥白尼的“日心说”的，但在教会的打压下，他一点言论自由都没有，甚至还有随时被迫害的可能。日子虽然过得很不如意，但每天晚上，伽利略都会用自己的望远镜观看太空，探索宇宙的奥秘。他在观察中发现，太阳里面有黑斑，这些黑斑的位置在不断地变化。后来，伽利略以无可辩驳的事实，证明地球在围着太阳转，而太阳不过是一个普通的恒星。1610年，伽利略出版了著名的《星空使者》。人们佩服地说：“哥伦布发现了新大陆，伽利略发现了新宇宙。”

在伽利略之前，古希腊的亚里士多德认为，物体下落的快慢是不一样的，它的下落速度和它的重量成正比，物体越重，下落的速度越快。比如说，10千克重的物体，下落的速度要比1千克重的物体快10倍。这一学说在很长时间都被人们当成真理看待。但年轻的伽利略对此学说产生了怀疑，他决定亲自动手做一次实验。实验当天，他带了两个都是实心，大小不同重量不等的铁球，一个重 10 磅，一个重 1 磅。他站在比萨斜塔上面，两手各拿一个铁球，只见他把两手同时张开，于是两个铁球平行下落，几乎同时落到了地面上。通过这个实验，伽利略揭开了落体运动的秘密，这个实验在物理学的发展史上具有划时代的重要意义。

在上大学时，伽利略就动手制作了一种用单摆原理制成的“脉搏计”，可以用来测量病人的脉搏跳动的情况，受到了医生的热烈欢迎。此外，最早的温度计是伽利略根据热学原理发明的，世界上第一架望远镜是伽利略根据光学原理发明的。

延伸阅读

加速度是由伽利略提出的，它指的是速度变化量与发生这一变化所用时间的比值。假如两辆汽车开始静止，均匀地加速后，达到 10 米 / 秒的速度，A 车花了 10 秒，而 B 车只用了 5 秒。它们的速度都从 0 米 / 秒变为 10 米 / 秒，速度改变了 10 米 / 秒。所以它们的速度变化量是一样的，但是 B 车变化得更快一些。

62 爱因斯坦：物理学界的“世纪伟人”

爱因斯坦是现代物理学的开创者和奠基人，相对论——“质能关系”的提出者，“决定论量子力学诠释”的捍卫者。1999 年 12 月 26 日，爱因斯坦被美国《时代周刊》评选为“世纪伟人”。

爱因斯坦

爱因斯坦是一位伟大的科学家，但是他在童年时代，表现并不出众，甚至有些迟钝。他语言能力不好，学讲话非常慢。他读中学的时候，只对数学感兴趣，拉丁文和希腊文学得很差。老师劝他退学，说：“爱因斯坦，你永远不会有多大前途。”然而就是这样一个在老师眼中没有任何前途的人却获得了诺贝尔物理学奖，创立了狭义相对论和广义相对论，成功地揭示了能量与质量之间的关系。他提出质能转换公式：$E=mc^2$，这是造原子弹的原始理论基础。他还提出了四维时空观。

如果你认为爱因斯坦会像某些科学家那样，成天坐在试验室里摆弄机器，计算数据，很少与人交往，那你就彻底错了。爱因斯坦是一个非常热爱生活的人，他会在学习和工作之余，参加多种文体活动，如爬山、骑车、赛艇等体育活动。有人形容他工作时“简直像个疯子，似乎有使不完的精力”。而往往精力充沛、对生活充满向往的人，才会将自己的最大潜在能力发挥出来。

爱因斯坦进入中年以后，已经是享誉世界的名人了，不过他的生活依然简朴，他从来不在乎别人异样的眼光，是一个很可爱的人。有一次，他去比利时访问，国王和王后特地举办了一个欢庆仪式。那一天，火车站上张灯结彩，官员们身穿笔直的礼服，准备隆重地欢迎这位杰出的科学家。可是，直到火车上的旅客都走光，还是没有看到爱因斯坦的影子。与此同时，一位头发灰白又蓬乱的老人，一手提着皮箱，一手拿着小提琴，正从小车站步行向王宫走去，这个人就是爱因斯坦。见面后，王后问：“为什么不乘我派去的车子，而是徒步而行？”他笑着回答：“王后，请不要见怪，我平时就很喜欢步行，运动带给了我无穷的乐趣。”

有一次，一个美国记者问爱因斯坦他成功的秘诀是什么。他回

答：“当我 22 岁，还是个青年人的时候，就已经发现了成功的公式。那就是 A=X+Y+Z！ A 是成功，X 是努力工作，Y 是善于休息，Z 是少说空话！这公式对我有用，我想对许多人也一样有用。”

爱因斯坦就是这样一个不拘一格、可爱又勤奋的人，不论从哪个方面看，他的生活都是丰富多彩的，他在物理上的成就为人类的生活带来了许多意想不到的精彩。

狭义相对论建立以后，对物理学起到了巨大的推动作用，并且深入量子力学的范围，成为研究高速粒子不可缺少的理论，而且取得了丰硕的成果。原子弹、原子能、核武器、GPS 卫星同步系统都需要考虑狭义相对论的修正。

延伸阅读

爱因斯坦对光的发现。早在 16 岁时，爱因斯坦就从书本上了解到光是一种以很快的速度前进的电磁波，于是，他产生了这样一个想法，如果某人以光的速度前行，他将看到一幅什么样的景象呢？最后他得出结论：那个人永远不会看到前进的光，只能看到在空间里振荡着却停滞不前的电磁场。

63 伦琴：第一届诺贝尔物理学奖的“擂主”

不要羡慕别人的好运气，好运气和机会一样，都是留给有准备的人的。就如第一届诺贝尔物理学奖的获得者——伦琴。伦琴是德国的物理学家，他就像一个工作狂，整天把自己关在工作室里做实验。他之所以能获得第一届诺贝尔物理学奖，是因为发现了 X 射线，而他发现 X 射线，则属于偶然中的必然。

伦琴

伦琴于1845年出生在德国尼普镇。24岁时，获得了苏黎世大学哲学博士学位，并担任物理学教授孔脱的助手。随后的19年间，伦琴在一些不同的大学工作，逐步地赢得了优秀科学家的声誉。纵观伦琴一生，他在物理学的许多领域中都进行过实验研究工作，如对电介质在充电的电容器中运动时的磁效应、气体的比热容、晶体的导热性、热释电和压电现象、光的偏振光与电的关系、物质的弹性、毛细现象等方面的研究都作出了一定的贡献。不过由于他因 X 射线而获得的荣誉巨大，他的其他贡献就没怎么被人提起过。X 射线的发现对于自然科学的发展有着极为重要的意义，它像火源一样，点燃其他火炬的亮光。许多科学家因为对 X 射线的研究，才有了放射性、电子以及 α 、β 射线的发明，为原子物理的发展奠定了基础，也有些科学家因为对 X 射线的探索，发现了 X 射线的衍射现象，由此打开了研究晶体结构的大门。

说起伦琴发现 X 射线的始末，还要从他的妻子说起。一天凌晨，伦琴的妻子气冲冲地走进他的实验室，问他到底要不要吃饭。伦琴却兴奋地告诉妻子，他发现了一种能够穿透两米厚的墙面的射线，并让妻子来试验一番。原本只是想让妻子看射线穿过墙壁的景象，没想到当光线不小心照到拿着荧光屏的妻子的手上时，她的手刺痛了一下。此时，伦琴突发奇想，要给妻子的手照一张相。他先是让妻子把手放在荧光屏前，然后用手中的小管照向妻子的手。没想到，照出来的竟是完整的手骨影像以及手指上的那个戒指。当惊奇的妻子问这是什么射线时，伦琴说，他还是个未知数，是 X，就叫它 X 射线吧。

X 射线被发现后仅 4 天，美国医生就用它找出了病人腿上的子弹。得知此消息后，企业家们蜂拥而至，都要出高价购买 X 光射线。价钱越叫越高，伦琴却淡然地全部否决，他说："哪怕是1000万美元，我也不会卖。我的发现属于全人类，希望这一发现能被全世界的科学家利用，最终造福人类。"因此，伦琴没有申请专利权。他知道，如果这项技术被某家大公司独占，穷人就出不起钱去照 X 光照片。爱迪生听说这个消息后很感动，他为接收 X 光发明了一种极好的荧光屏，和 X 光射线管配合使用，也没有申请专利权。

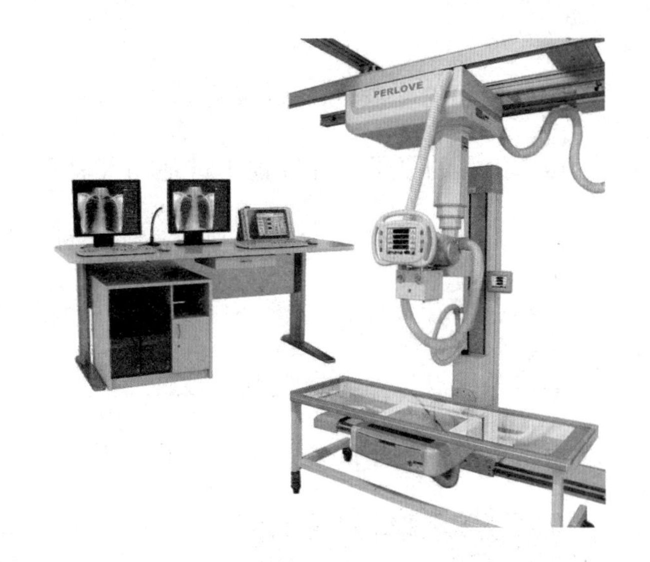

延伸阅读

X射线与可见辐射线的区别。X射线与可见辐射线（即光波）基本上相似，不过X射线的波长要短很多，介于紫外线和 γ 射线间。在一般情况下，每当用高能电子轰击一个物体时，就会有X射线产生。X射线本身并不是由电子而是由电磁波构成的。

64 麦克斯韦：物理学第二次大统一的人物

如果说有什么可以跟力学中的牛顿运动定律相提并论的话，那电磁学领域的麦克斯韦方程组绝对算得上其中之一。任何一个能把麦克斯韦方程组中的几个公式看懂的人，一定会感慨：麦克斯韦是如何研究出如此完美的方程式的，这简直就是天人之作。因为这组公式融合了电的高斯定律、磁的高斯定律、法拉第定律以及安培定律。可以说，宇宙间任何的电磁现象，都可以由这个方程组解释。

麦克斯韦

詹姆斯·克拉克·麦克斯韦1831年6月13日生于苏格兰古都爱丁堡，在父亲的影响下，麦克斯韦从小就很懂事，特别会料理家务。在他16岁时，进入苏格兰的最高学府——爱丁堡大学学习。虽然是班上年纪最小的学生，但他的成绩却名列前茅。他在大学专攻数学、物理，学习之余，还会写写诗、读读课外书。在用三年时间完成四年的学业后，他离开爱丁堡，到剑桥去求学。四年后，23 岁的他获得了留校任职两年的机会。

不得不说，麦克斯韦是一路从鲜花和掌声中走过来的优秀高材生，由于在大学时受到了物理实验家福布斯的影响，他对实验技术产生了浓厚的兴趣。大学以来，麦克斯韦主要从事电磁理论、分子物理学、统计物理学、光学、力学、弹性理论方面的研究。最后，麦克斯韦因列出了表达电磁基本定律的四元方程组而闻名于世。这一四元方程组又被称为电磁学的麦克斯韦方程组，是公认的与牛顿力学量子、力学相提并论的理论。在当时，这一理论的提出并不被外界大多数人看重，却得到了当时的青年物理学

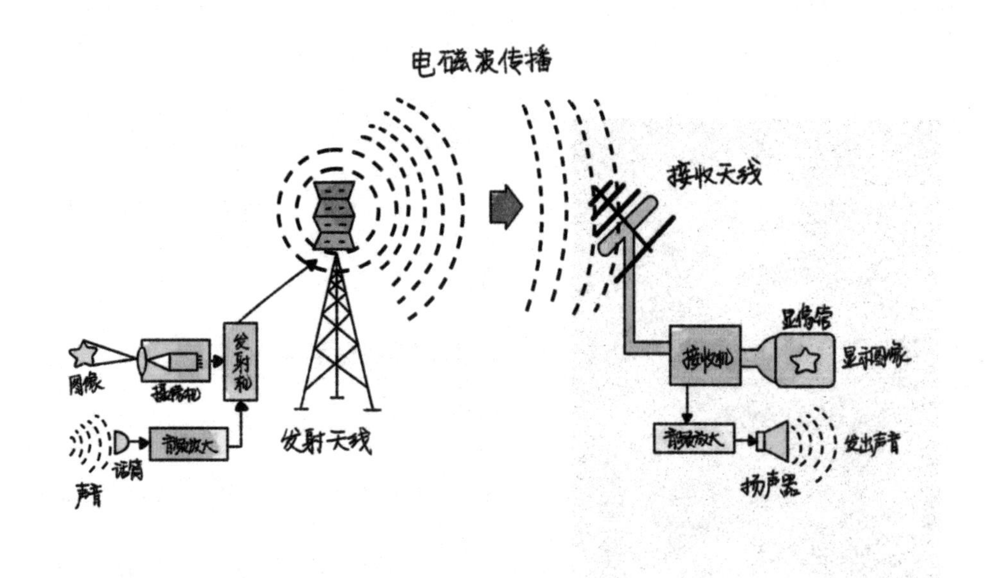

家赫兹的肯定。赫兹在这一理论的基础上，经过反复试验，最终发现了一种电环波，这就是电磁波。

该方程组系统而完整地概括了电磁场的基本规律，并预言了电磁波的存在。这对电磁学、光学、材料科学以及通信、广播、电视等的发展都产生了广泛而深远的影响。人们利用电磁学不仅能够观看电视、电影，收听广播，还能更快捷、更方便地与远方的人联系。

延伸阅读

在麦克斯韦方程组中，电场和磁场已经成为一个不可分割的整体。这个方程组由四个方程组成，它们的作用各不相同，分别描述了电场的性质，即在一般情况下，电场可以是库仑电场，也可以是变化磁场激发的感应电场，感应电场是涡旋场，它的电位移线是闭合的；磁场的性质，即磁场可以由传导电流激发，也可以由变化电场的位移电流所激发，它们的磁场都是涡旋场，磁感应线都是闭合线；还有一点是磁场激发电场的规律以及变化的电场激发磁场的规律。

65 劳伦斯：发明回旋加速器

随着医疗技术的不断进步，人们生活水平的不断提高，国内各大医院不断引进能够及早发现肿瘤的新型医疗设备，这就是 PET/CT。PET/CT 之所以具有强大的医疗观测效果，跟回旋加速器有关。回旋加速器是由美国著名物理学家劳伦斯于 20 世纪 30 年代发明成功的。

劳伦斯于 1901 年 8 月 8 日出生于美国北达科他州。他的学业顺风顺水，21 岁时就已经从南达科他大学毕业，后来又相继在明尼苏达大学、芝加哥大学和耶鲁大学深造。1936 年起，他开始担任辐射实验室主任一职。

1928 年，美国物理学家伽莫夫提出可以用质子代替 α 粒子作为轰击物来实现人工核反应。于是，各种类型的粒子加速器逐步发展起来。劳伦斯本来就是从事加速器技术、核物理方面的研究，他于 1929 年提出磁共振加速器（即回旋加速器）的构造原理，就是利用一个均匀磁场，使加速粒子沿螺旋形路径运动。1932 年，劳伦斯和他的学

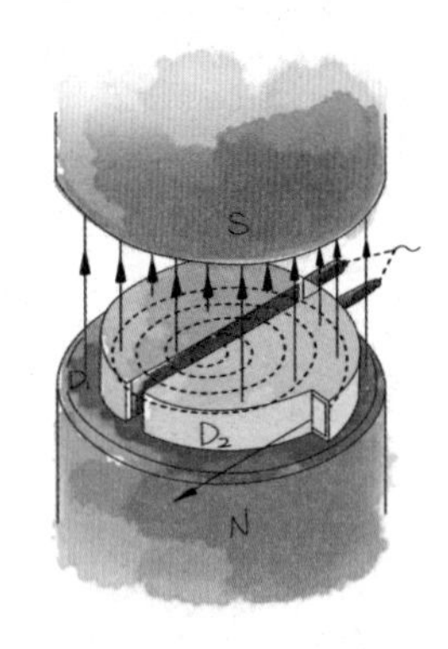

生埃德尔森、利文斯顿制造出了第一台能够运转的回旋加速器。后来，在劳伦斯的领导下，在美国制造出了一系列不同的回旋加速器，经过不断改良，加速器使粒子获得的能量已经远远超过了天然放射源放出的粒子具有的能量。回旋加速器开始用于加速质子、α 粒子和氘核，由此发现了许多新的核反应，产生了几百种稳定的和放射性的同位素，这对核裂变及核力的研究起着特别重要的作用。另外，劳伦斯因为发明了回旋加速器于 1939 年获得了诺贝尔物理学奖。

回旋加速器是产生正电子放射性药物的装置，该药物作为示踪剂注入人体后，医生就可以通过 PET/CT 显像观察到患者脑、心等器官及肿瘤组织的生理和病理的代谢情况。PET/CT 是依靠回旋加速器生产的不同种显像药物对各种肿瘤进行特异性显像，这有助于疾病的早期监测与预防。

延伸阅读

回旋加速器是利用磁场使带电粒子做回旋运动，在运动中经高频电场反复加速的装置，它是高能物理中的重要仪器。回旋加速器中磁场起的是使带电粒子在磁场中做圆周运动，获得多次加速的作用。回旋加速器的能量受制于随粒子速度增大的相对论效应，粒子的质量增大，粒子绕行周期就会变长，从而逐渐偏离了交变电场的加速状态。

极简物理学年表

远古时期

木棒、石器等简单工具的使用

火的使用

古代时期

古代中国

王充《论衡》记录了热学、声学、磁学等现象。

《淮南子》(公元前2世纪)中记录了透镜现象和磁力现象。

《吕氏春秋》中记载了磁石现象。

《韩非子》中记录了司南的磁学现象。

墨翟（公元前400年）《墨子》记录了力学和光学等现象。

《考工记》记录了滚动摩擦、斜面运动等现象。

《管子》记录了标准调音频率，三分损益法。

古希腊

2世纪，托勒密发现大气折射现象等知识。

1世纪，希罗（或译为海伦）提出气体力学，并制作虹吸管。

公元前3世纪，阿基米德提出杠杆原理和浮力定律等。

公元前3世纪，欧几里得论述光的传播现象。

公元前4世纪，亚里士多德《物理学》问世。

公元前5世纪，德谟克利特提出万物由原子构成。

约公元前5世纪，泰利斯记录了摩擦琥珀吸引小物体现象。

太阳光

大气中的粒子

散射光

中世纪

赵友钦（13世纪）《革象新书》记录了光的传播和成像等现象。

沈括《梦溪笔谈》（11世纪）记录了地磁偏角、凹面镜成像，共振等现象。

祖冲之（5世纪）改造指南车。

文艺复兴时期

1586年，斯蒂文《静力学原理》问世，分析了斜面上链球的平衡，论证力的分解。

1535年，哥白尼所著《天体运行论》修订完善，对托勒密『地心说』发出了挑战。

14世纪，达·芬奇发明温度计和风力计，并设计和发明了一些机械。

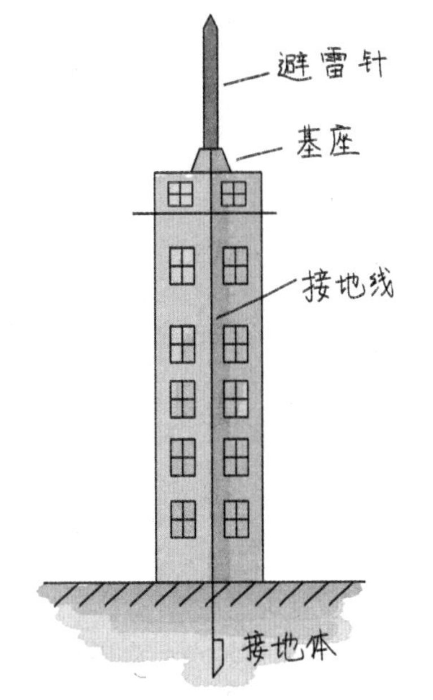

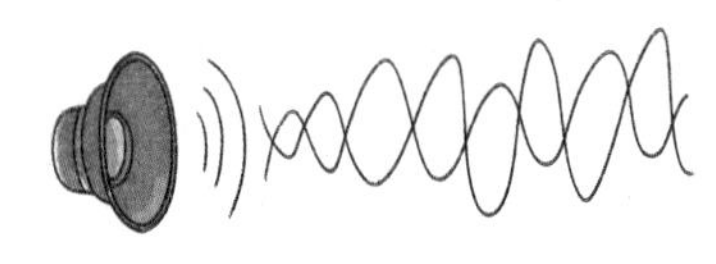

科学革命时期

- 18 世纪 60 年代，蒸汽机得到发明和使用。
- 1687 年，英国科学家牛顿出版《自然哲学的数学原理》，阐述了运动定律和万有引力定律。
- 1663 年，德国城市马德堡半球实验，验证大气压强。
- 1662 年，波义尔提出在定量定温下，理想气体的体积与气体的压强成反比，也就是波义尔定律。
- 1660 年，格里马尔迪发现光的衍射。
- 1658 年，费马发现光在媒介中循最短光程传播的规律，即费马原理。
- 1653 年，帕斯卡发现了静止流体中压力传递的原理，也就是帕斯卡原理。
- 1619 年，开普勒著成《宇宙谐和论》，提出开普勒第三定律。
- 1605 年，培根出版《学术的进展》，强调以实验为基础的归纳法，奠定了 17 世纪科学实验的兴起。
- 1600 年，威廉·吉尔伯特《磁石论》出版，系统论述了地磁和其他磁学实验，并首次发现摩擦吸引不是源于磁力。
- 1638 年，伽利略《两门新科学的谈话》出版，对物理学做出划时代的贡献。

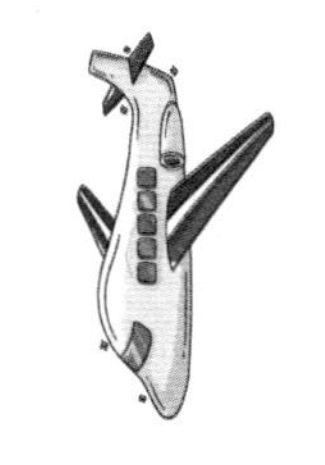

- 1926 年薛定谔提出用波动方程描述微观粒子运动状态的理论，即薛定谔方程。
- 1914 年英国物理学家卢瑟福通过实验，确定氢原子核是一个正电荷单元，称为质子。
- 1913 年，玻尔写出了《论原子构造和分子构造》论著，提出了量子不连续性，成功地解释了氢原子和类氢原子的结构和性质。
- 1905 年爱因斯坦在论著《论动体的电动力学》中阐释了狭义相对论。1921 年，提出广义相对论。
- 1902 年，居里夫人单独发现了放射性元素镭。
- 1900 年普朗克提出了能量子概念，为量子理论奠定了基石。
- 1898 年，居里夫妇共同发现放射性元素钋。
- 1896 年，法国物理学家贝克勒尔发现了放射性。
- 1895 年，德国物理学家伦琴发现了 X 射线。
- 1873 年，物理学家麦克斯韦出版《论电和磁》，被誉为继牛顿《自然哲学的数学原理》之后的一部最重要的物理学经典。
- 1831 年 10 月 17 日，法拉第首次发现电磁感应现象，并进而得到产生交流电的方法。同年 10 月 28 日发明了圆盘发电机，这是人类历史上的第一个发电机。

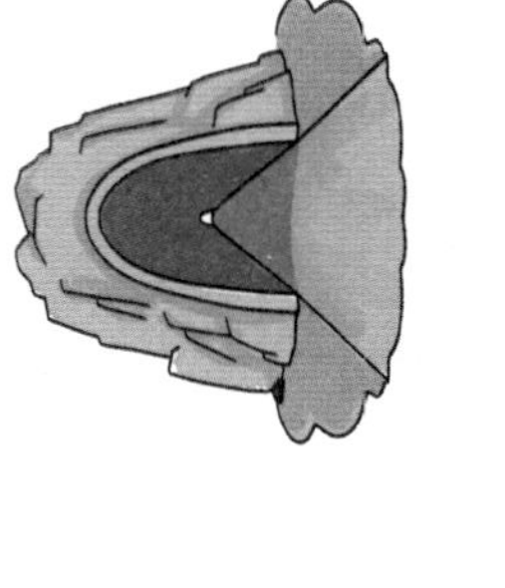

科学革命时期

- 2020年10月6日，诺贝尔物理学奖颁发给了德国物理学家赖因哈德·根策尔、美国物理学家安德烈娅·盖兹，他们在银河系中央发现超大质量天体。
- 2015年9月14日，人类首次观测到引力波现象，2017年的诺贝尔物理学奖颁发给了在这一领域做出贡献的三位科学家索恩、巴里·巴里什、雷纳·韦斯。
- 1982年，中国第一台自行设计、制造的质子直线加速器首次引出能量为10MeV的质子束流，脉冲流达到14mA。
- 1980年冯·克利青等科学家首先观测到了量子化的霍尔效应，并在之后完善了这一理论，建立了数学公式。
- 1957年，日本物理学家江崎玲于奈发现半导体和超导体的隧道效应。
- 1956年，杨振宁与李政道共同提出『弱相互作用中宇称不守恒』定律。
- 1945年7月16日，曼哈顿计划原子弹试爆成功，这是世界上第一次核弹试验。
- 1942年12月2日美国芝加哥大学成功启动了世界上第一座核反应堆。
- 1938年德国科学家奥托·哈恩用中子轰击铀原子核，发现了核裂变现象。
- 1935年英国物理学家查得威克发现了中子。

/作者简介/

李春雷，物理学博士，首都师范大学附属小学科学方向特聘专家。长期从事科技教师和小学科学教师的培养工作，致力于科技教育以及小学科学教育的理论与实践和低维半导体结构中电子的输运特性的研究，主持和参与多项国家自然科学基金项目。

策划编辑：杨丽丽　　责任编辑：张世昌
特约编辑：尚论聪　　封面设计：周　飞

彩虹糖童书馆
Rainbow Candy Kids' Book House